Angelika Nelson & Holly Merker

Die Kraft der Vogelbeobachtung

ISBN 978-3-99025-467-7
© 2023 Freya Verlag GmbH
Alle Rechte vorbehalten
Layout & Design: freya_art, Jessica Kandler und Mag. Regina Raml-Moldovan
Lektorat: Mag. Dorothea Forster

printed by GPS-Group

Urheberrechtlich geschütztes Material – Alle Rechte vorbehalten. Kein Teil dieses Buches darf ohne vorherige schriftliche Genehmigung des Herausgebers reproduziert oder für den öffentlichen oder privaten Gebrauch kopiert werden.

Die Ratschläge in diesem Buch sind sorgfältig erwogen, sie bieten jedoch keinen Ersatz für kompetenten medizinischen Rat. Die Autorinnen bieten Informationen, die bei der Findung von körperlichem, seelischem und geistigem Wohlbefinden helfen können. Alle Angaben in diesem Buch erfolgen jedoch ohne Gewährleistung oder Garantie seitens der Autorinnen oder des Verlages. Eine Haftung der Autorinnen bzw. des Verlages für Personen-, Sach- und Vermögensschäden ist daher ausgeschlossen.

Es werden wissenschaftliche Studien zitiert, die belegen, dass der Aufenthalt in der Natur, die Vogelbeobachtung und das Hören des Vogelgesangs die psychische Gesundheit und das Wohlbefinden von Menschen fördern. Hinweise auf diese wissenschaftliche Literatur finden sich vor allem in der Einleitung und den Übungen 12 und 51.

Dieses Buch enthält Verweise zu Webseiten, auf deren Inhalte der Verlag keinen Einfluss hat. Für diese Inhalte wird seitens des Verlages keine Gewähr übernommen. Für die Inhalte der verlinkten Seiten ist stets der jeweilige Anbieter oder Betreiber der Seiten verantwortlich.

Inspiriert von dem US-amerikanischen Buch „Ornitherapy: For Your Mind, Body, and Soul", Holly Merker, Richard Crossley, Sophie Crossley, Crossley Books 2021

ANGELIKA NELSON & HOLLY MERKER

DIE KRAFT DER VOGEL BEOBACHTUNG

63 Anleitungen zu kleinen Auszeiten im Alltag

Entdecken Sie mehr mit der
FREYA-BÜCHER-APP!

INTERAKTIVES LESEVERGNÜGEN MIT DER FREYA-BÜCHER-APP!

Ab sofort können Sie unsere Bücher mit der kostenlosen App interaktiv entdecken. Videos, Zusatzinhalte und mehr Informationen aus den Freya Büchern steigern Ihr Lesevergnügen und bieten Ihnen faszinierende Einblicke.

So einfach geht's:

1. Laden Sie die kostenlose Freya-Bücher-App im Google Play Store oder im Apple App Store auf Ihr Smartphone oder Ihr Tablet.
2. Wählen Sie Ihr Buch aus der Liste in der Freya-Bücher-App aus und drücken Sie auf *Bild scannen*. Automatisch wird Ihre Kamera aktiviert.
3. Halten Sie Ihr Smartphone oder Ihr Tablet jeweils über die Bilder in Ihrem Buch, die mit einem kleinen Handysymbol versehen sind.
4. Dann öffnen sich die zusätzlichen interaktiven Elemente. Schon haben Sie Zugang zu weiteren Informationen aus dem Buch.

Bilder mit diesem Symbol scannen

Hinweise:

Sollten die Bilder von der App nicht erkannt werden, stellen Sie bitte sicher, dass das Buch ausreichend beleuchtet ist, und verringern Sie gegebenenfalls den Abstand zur Kamera. Ihr elektronisches Gerät muss mit dem Internet verbunden sein.

》

Das Erlebnis, den Vogel in seiner Schönheit und Lebendigkeit wahrzunehmen, ist wie eine Senkrechte in der Zeit. In dem Moment gibt es nichts anderes, du bist ganz im Hier und Jetzt.

~ Arnulf Conradi

| Kornweihe

INHALTSVERZEICHNIS

Vorwort 13

Darum gehts 18

    Raus aus dem Alltag, rein in die Natur 18

    Was ist Natur? 19

    Aufenthalt in der Natur tut uns gut 20

    Vögel verbinden uns mit der Natur 23

    Vogelgesang steigert menschliches Wohlbefinden 26

Wie du dieses Buch am besten nutzt 29

Vogelbeobachtung für Körper, Geist & Seele 30

Naturtagebuch *„Natur-Journaling"* 37

    Deine ersten Aufzeichnungen im Naturtagebuch 38

    Reflexion deiner Vogelbeobachtung 40

Übungen zur Vogelbeobachtung ... 44

Beobachten lernen ... 45

Näherkommen ... 49

Die gefiederten Nachbarn kennenlernen ... 53

Entdecke den Forschergeist in dir ... 57

Vögel zu uns locken ... 60

Aufmerksam beobachten ... 65

Unsere digitalen Begleiter ... 69

Das Vogel-Puzzle ... 75

Gute Laune in der Natur ... 78

Ein Spaziergang ... 82

Den Alltag ausblenden ... 85

Vogelbeobachtung tut gut ... 89

Finde Vielfalt ... 93

Vielfalt in der Vogelwelt und im Leben ... 97

Anpassungen ... 102

Traum vom Fliegen ... 106

Balance im Leben ... 110

Auf beiden Beinen im Leben ... 114

Über Wasser halten ... 117

Auffällig lange Beine ... 120

Unter Wasser tauchen	124
Federn	127
Eine Investition in die Zukunft	131
Mauser	134
Das Leben ist riskant – vor allem für die Kleinen	138
Farben der Natur	142
Reflexionen im Licht	146
Stimmungswandel in der Abenddämmerung	149
Gesetze der Anziehung	152
Farbenfroh und stimmfreudig – der Stieglitz	156
Farbmuster	159
Tarnung	163
Tarnung und Täuschung – der Kuckuck	166
Dem Wetter ausgesetzt	170
Verbindung zur Welt über uns	174
Spitzenprädatoren	177
Vogel-Athleten	180
Nächtlicher Vogelzug	184
Navigation	187
Räumliches Gedächtnis	190
Die Welt kopfüber – Perspektive des Kleibers	193
Verhaltensweisen	196

Fressen im Flug	200
Kein Leben ohne Insekten	203
Nahrung für den Geist	206
Aasfresser – Die Wiederansiedlung des Bartgeiers in Bayern	210
Kluge Vögel	214
Augen auf den Kirchturm – die Dohle	217
Musik der Natur	222
Meistersänger Zaunkönig	228
Was verbirgt sich in einem Lied?	231
Aufruf zum Handeln	235
Tiefe Einblicke mit Weitblick	238
Offen für Neues	241
Gemeinsam sind wir stark	245
Lästige Vögel	248
Aus der Vogelperspektive	252
Hausfreund Rotkehlchen	255
Wir sind verbunden	258
Der Spatz mal zwei	261
Zusammenleben	264
Verkannte Schönheiten – die Tauben	266
Vögel verbinden uns	269

Nachwort 274

Danksagung 275

    Vogelwissen von A–Z 276

    Anmerkungen 281

    Liste der Zitatgeber 284

    Fotografen 286

    Weiterführende Literatur 287

    Weiterführende Quellen 287

    Adressen 287

Zusätzliche Infos gibt es mit der Freya-App auf diesen Seiten

    » SOUNDSCAPE Wald 16

    » SOUNDSCAPE Nachtigall 32

    » SOUNDSCAPE Waldkauz 42

    » SOUNDSCAPE Sumpfmeise 50

    » TIPPS zum Erwerb eines Fernglases 64

    » TIPPS für einen vogelfreundlichen Garten 64

    » TIPPS zur Vogelfütterung 67

    » MACH MIT bei einem Citizen Science Projekt 70

    » SOUNDSCAPE Pirol 84

- » SOUNDSCAPE Moorlandschaft 86
- » SOUNDSCAPE Amsel 91
- » SOUNDSCAPE Sommergoldhähnchen 139
- » SOUNDSCAPE Abendgesang 151
- » SOUNDSCAPE Bluthänfling 154
- » SOUNDSCAPE Stieglitz 157
- » SOUNDSCAPE Kuckuck 168
- » SOUNDSCAPE Mäusebussard 178
- » SOUNDSCAPE Kleiber 192
- » LINK Bartgeier-Webcam
  in den Berchtesgadener Alpen 211
- » LINK zu den Gesängen 223
- » LINK zum Dawn Chorus Projekt 226
- » SOUNDSCAPE Pazifikzaunkönigs 229
- » SOUNDSCAPE Amsel 230
- » SOUNDSCAPE Blaumeise 232
- » SOUNDSCAPE Mönchsgrasmücke 236
- » SOUNDSCAPE Mehlschwalben 244
- » SOUNDSCAPE Rotkehlchen 256
- » SOUNDSCAPE Haussperling 263
- » SOUNDSCAPE Türkentaube 267
- » SOUNDSCAPE Brachvogel 272

DIE AUTORINNEN

Angelika Nelson (LBV)

Holly Merker

mit Zeichnungen von Christiane Geidel (LBV)

VORWORT

Liebe Leserin, lieber Leser,
Vögel faszinieren uns – vielleicht, weil sie in ihrer Lebensweise so vielfältig sind wie wir Menschen?

Da gibt es die Stillen und die Lauten, die Vorwitzigen und eher Zurückhaltenden, die Kleinen und die Großen, die mit den einfachen „Kleidern" und diejenigen, die sich prächtig herausputzen. Die einen bleiben lieber allein, die anderen fühlen sich nur in Gemeinschaft wohl.

Da wird gezetert, geliebt, geschwätzt, gekuschelt. Alles ist möglich.

Oder ist es eher die Faszination des Fliegens, der wir uns nicht entziehen können? Einfach abheben, sich mit dem Wind immer höher schrauben. Die Welt von oben anschauen, um dann wieder elegant nach unten zu gleiten. Sich mit der nächsten Windböe übers Meer oder die Berge tragen lassen. Im Aufwind, ohne einen Flügelschlag mit unglaublicher Leichtigkeit. Vögel tun es aus lauter Lust am Leben.

Sie erinnern uns jedoch auch an unsere Ursehnsucht nach Freiheit. Frei sein wie ein Adler im Wind – wer hat diesem Gedanken nicht schon einmal nachgehangen?

Diese Faszination erleben wir in vollem Umfang, wenn wir uns Zeit nehmen, Vögel eine Weile zu beobachten.

Das geht nicht im Vorübereilen. Das Rezept für das Ankommen im Hier und Jetzt ist im Grunde genommen ganz einfach: stehen bleiben oder hinsetzen, innehalten, vielleicht ein bisschen warten, achtsam sein. Erst dieses ruhige Ankommen eröffnet uns die ganze Schönheit der Natur und die Vielfalt der Vogelwelt um uns herum – sei es nun tief im Wald, mitten in der Stadt oder in unserem eigenen Garten.

Das vorliegende Buch lädt uns genau dazu ein. Es geht vorrangig nicht darum, Vögel bei ihrem Namen nennen zu können, sondern um das Beobachten derselben.

Sanft leiten die beiden Autorinnen dich dazu an: Wie kannst du dich Vögeln nähern, wie lernst du eine Vogelart besser kennen, wie entdeckst du deinen Forschergeist. Im Laufe der Zeit wirst du immer tiefer eintauchen in diese einzigartige Welt der Vögel. Du erhältst Einladungen ihr Verhalten, ihren Gesang, ihre Farben zu studieren. Und ich verspreche, es wird dir dabei nie langweilig werden, denn auch über die Natur als solche, und sogar über dich selbst, wirst du viel erfahren.

Ich bin immer begeistert, wenn ich das Buch aufschlage. Denn es ist kein Buch, das man von der ersten bis zur letzten Seite liest und dann nebenhin legt. Es ist ein Buch, welches einen immer wieder begleitet, Impulse gibt und tiefer eindringen lässt in das Wunder der Natur, und damit in das Wunder des Lebens selbst.

Lange ist bekannt, dass der Gang in die Natur eine heilsame Wirkung auf Körper, Geist und Seele hat.

Inzwischen kennt man auch hier das von mir angebotene Waldbaden, welches seit einigen Jahren wissenschaftlich – ausgehend von Japan – erforscht wird. Dabei tauchen wir in die Atmosphäre des Waldes ein und nehmen die Natur mit allen Sinnen achtsam wahr. Wie erstaunt sind meine Seminarteilnehmer*innen und Klient*innen immer, wie viel sie beim langsamen Schlendern und Innehalten entdecken können, und die Freude ist groß, wenn sich ein Vogel oder ein anderes Tier längere Zeit beobachten lässt. Schon wenige Stunden Waldbaden lässt uns entspannen und schenkt uns neue Energie für den Alltag.

Nun steht seit einiger Zeit auch die heilsame Wirkung der Vogelbeobachtung – die Ornitherapie – im Fokus der Wissenschaft. Auch dazu geben die beiden Autorinnen spannende Einblicke und erklären die Hintergründe für eine Therapie, die direkt vor unserer Haustür beginnen kann.

| *Baumfalke*

Ich wünsche diesem Buch von ganzem Herzen den Erfolg, den es verdient.

Möge es vielen Leser*innen den Weg in die Natur und zu den Vögeln ebnen. Ich wünsche den Leser*innen, dass sie von den vielen Impulsen der Autorinnen die wertvollsten für sich herausfinden und die heilsame Wirkung der Vogelbeobachtung selbst erfahren.

Ich bedanke mich bei Angelika und Holly, dass ich für ein so außergewöhnliches Werk das Vorwort schreiben durfte. Die intensive Beschäftigung mit dem Buch hat auch mich noch einmal viel tiefer an das Beobachten von Vögeln herangeführt. Und darüber freue ich mich jeden Tag aufs Neue.

Annette Bernjus,
Hofheim-Lorsbach, November 2022

» **SOUNDSCAPE**
Wald

DARUM GEHTS

Raus aus dem Alltag, rein in die Natur

Das Leben ist anspruchsvoll. Unsere Aufmerksamkeit ist ständig gefordert und wir sind Reizen ausgesetzt, die immer mehr von neuen Technologien und digitalen Medien ausgehen. Wir fühlen uns ständig gefragt und über die sozialen Medien sind wir jederzeit erreichbar. Wir haben das Gefühl, immer teilnehmen zu müssen. Wir finden keine Zeit, Körper und Geist eine Pause zu gönnen. Dabei ist eine Erholung von den Anforderungen des Alltags dringend notwendig und entscheidend für ein gesundes Leben.

Die gute Nachricht ist, dass wir diesen Ausgleich direkt vor der Tür, in der Natur bekommen. Dort helfen uns Vögel eine gesunde Abwechslung zu finden.

Um uns zu entspannen, müssen wir vor allem mental abschalten. Dabei hilft es alle Pflichten kurzfristig hinter sich zu lassen. Wir träumen von einem Urlaub am Meer, einer Wanderung durch ausgedehnte Wälder oder wollen einen Berggipfel erklimmen.

Für die meisten sind dies jedoch ferne Ziele, die wir nicht regelmäßig aufsuchen können. Vögel im Garten oder Park beobachten kann man jederzeit. Dadurch findet man Ruhe und eine Auszeit vom Getöse der modernen Welt.

Wenn wir Vögel beobachten, können wir ausspannen, Kraft tanken und vollständig in die Natur eintauchen.

Was ist Natur?

Mit Natur sind hier nicht die fernen, weiten und unberührten Orte gemeint, an denen es kaum menschliche Einflüsse gibt, oder Orte, die von einer staatlichen Behörde als „Naturschutzgebiete" ausgewiesen wurden. Zur Natur vor der Haustür gehören Parks und Freizeitgelände, Wiesen und brachliegende Felder, Straßenränder ebenso wie der eigene Garten oder Balkon. Es sind Orte, an denen Pflanzen durch menschliches Zutun oder vielleicht trotzdem wachsen und wo wild lebende Tiere, wie Insekten, Amphibien und Vögel, vorkommen können.

Aufenthalt in der Natur tut uns gut

Unser Geist und unser Körper brauchen die Natur.[1] Naturerleben beeinflusst das physische, psychische und soziale Wohlbefinden des Menschen. Besonders in schwierigen Zeiten im Leben hilft es ins Grüne hinauszugehen, unsere Aufmerksamkeit auf die Natur, auf andere Lebewesen zu lenken. Denn wenn wir unter emotionalem Stress leiden, sind wir gefangen in einer negativen Denkweise, es geht uns etwas nicht aus dem Kopf.

Wir grübeln über Geschehnisse der Vergangenheit oder Zustände der Gegenwart und machen uns Sorgen über die Zukunft. In der Natur werden andere Teile des Gehirns angesprochen: Die eigenen Rollen und die Erwartungen anderer sind nicht mehr wichtig.

Wir finden eine positive Ablenkung im Hier und Jetzt. Wenn wir in den Alltag zurückkehren, relativieren sich unsere Sichtweise und Einstellung.

》

Jeder mag Vögel
welches andere Tier ist so einfach zu sehen,
jedem Menschen so nah und so vielfältig wie ein Vogel.

~ Sir David Attenborough

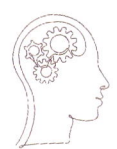

Natur fördert unsere Gesundheit

Ein Aufenthalt in der Natur kann dazu beitragen, dass Körper, Geist und Seele gesund bleiben. Eine zunehmende Anzahl wissenschaftlicher Studien belegt positive Effekte auf das menschliche Wohlbefinden. Auf der körperlichen Ebene besteht die gesundheitsfördernde Wirkung vor allem darin, dass eine naturnahe Umgebung zur Bewegung in der Natur anregt. Regelmäßige körperliche Aktivität beugt Krankheiten vor. Auf der psychischen Ebene spielt Naturerleben eine wesentliche Rolle bei der Vermeidung von Stress und der Behandlung von Depressionen. Dabei gibt es mehrere Ansätze, die die Wirkung des Naturerlebens auf die Psyche erklären:

Gemäß der Biophilia Hypothese[2] des Evolutionsbiologen Edward O. Wilson ist dem Menschen eine emotionale Verbindung zur Natur angeboren. Das Bedürfnis, die Natur zu erleben, hat der Mensch im Laufe seines Evolutionsprozesses erworben.

Nach der Attention Restoration Theorie[3] von Kaplan und Kaplan erholen wir uns in der Natur von intellektueller Anstrengung, da unsere Aufmerksamkeit wiederhergestellt wird. Dabei wird unser Interesse unbewusst auf Dinge und Lebewesen gelenkt, ohne dass ein direkter Handlungsbedarf besteht. Wir sind unmittelbar fasziniert, wenn wir ein Tier beobachten, eine vielfältige Landschaft betrachten oder dem Wasser beim Fließen zusehen.

Nach der Stress Recovery Theorie[4] von Ulrich erholen wir uns in einer Naturumwelt am ehesten von Stress und erleben positive Gefühle. Die entspannende Wirkung entfaltet sich besonders, wenn eine Landschaft Sicherheit vermittelt.

So verbinden wir uns mit der Natur

Der Zugang zur Natur kann je nach Personengruppe unterschiedlich sein. Ein beliebter Ansatz zur Erholung in der Natur ist das Waldbaden oder *Shinrin Yoku*, wie es in seinem Ursprungsland Japan genannt wird. Durch gezielte Übungen nimmt man den Wald mit allen Sinnen wahr. Man lässt die Natur des Waldes auf sich wirken und genießt ihre Ruhe und Gelassenheit. Ähnliche Waldspaziergänge kann man auch in Deutschland bewusst erleben.[5] In Japan ist Waldbaden seit Jahren als Heilmethode[6] anerkannt. Auch in anderen Teilen der Welt, einschließlich Europa, verschreiben manche Ärzte inzwischen die *Naturpille* zur Unterstützung herkömmlicher Heilmethoden, besonders bei psychischen Erkrankungen.

Die psychische Gesundheit ist von immenser Bedeutung in der heutigen, größtenteils urbanen Gesellschaft mit ihren zahlreichen Belastungen aufgrund des Klimawandels, des Verlustes der Biodiversität und des Auftretens globaler Krankheiten, wie der jüngsten COVID19-Pandemie. Natur dient als Begegnungsraum und trägt damit auch zum sozialen Wohlbefinden von Menschen jeden Alters, Einkommens und jeder sozialen Klasse bei.

| *Amsel*

| Blaumeise

Vögel verbinden uns mit der Natur

Natur wirkt dann besonders stark, wenn wir sie bewusst wahrnehmen und erleben. Eine Verbindung zur Natur kann die Beobachtung wild lebender Tiere herstellen. Besonders Vögel eignen sich dazu, denn sie sind die lebendigsten Boten der Natur, denen wir in unserem unmittelbaren Umfeld jeden Tag begegnen können. Auf dem Land ebenso wie in der Stadt, in den Bergen, an Flüssen und Seen, sogar in den Wüsten und bis zu den polaren Eiskappen leben sie. Wir können sie vom Fenster aus, am Weg zur Arbeit, in der Mittagspause oder bei einem Spaziergang im Stadtpark beobachten. Vögel zu beobachten lehrt Geduld und bringt uns sanft zur Ruhe, denn laute Geräusche oder schnelle Bewegungen vertreiben diese flüchtigen Wesen.

Sie fordern unsere volle Aufmerksamkeit. Kaum sieht man einen Vogel, ist er auch schon wieder weg. Von Natur aus strahlen Vögel jedoch etwas Magisches aus, ziehen uns in ihren Bann und halten unsere Aufmerksamkeit. Sie fallen auf durch ihr buntes Federkleid und ihren unbeschwerten Gesang. Es fasziniert uns, dass sie unglaublich weite Strecken in der Luft zurücklegen.

Sie können aber nicht nur fliegen, sie laufen, klettern und schwimmen auch. Viele sind Kulturfolger und leben mit uns Menschen zusammen. Manche leben in einer Gruppe von Artgenossen, andere allein.

Sie kommen auf der ganzen Welt vor, doch einige sind auf kleine Gebiete oder Inseln beschränkt. Sie ernähren sich vegetarisch, von Insekten, Fisch oder Fleisch – ihre Vielfalt ist noch nicht vollständig erforscht. Manche Arten sind auf bestimmte Lebensräume, wie Wiesen, Wälder oder Gewässer, spezialisiert und geben uns durch ihr Vorkommen in eben diesen Habitaten wertvolle Information über den Zustand der Gebiete und wie sich diese verändern. Andere kommen beinahe überall vor. Doch immer leben Vögel wild und frei. Wenn wir Vögel beobachten, können wir eine Verbindung zu dieser Freiheit aufbauen. Wir erleben besondere Momente, die ein wenig dieser Freiheit und Leichtigkeit in unser Leben bringen.

Unser Alltag findet immer mehr im städtischen Bereich statt. Heute lebt mehr als die Hälfte der Weltbevölkerung in verbauten Gebieten, oft räumlich und geistig getrennt von einem natürlichen, vom Menschen unbeeinflussten Umfeld. In Deutschland sind sogar dreiviertel der Bevölkerung in Städten oder Ballungsgebieten zu Hause. Das Risiko für stressabhängige, psychische Erkrankungen steigt dadurch enorm und ist für Bewohner*innen der Städte größer als für Landbewohner*innen. In der Stadt fehlt, unter anderem, die Interaktion mit der unberührten Natur und die damit einhergehende Auszeit vom oft stressgeplagten Alltag. Gerade für Städter kann die Vogelbeobachtung eine ersehnte Abwechslung bringen.

Zugegeben, manche Stadtvögel, wie z. B. Straßentauben und Spatzen, wirken aufs Erste vielleicht nicht so attraktiv. Aber auch sie helfen uns, von all dem abzulenken, was uns unnötig beschäftigt. Wenn wir Tauben und Spatzen genau beobachten und ihr Verhalten studieren, entdecken wir in ihrem Leben faszinierende Einzelheiten. Es wird nie langweilig Vögel zu beobachten, man entdeckt immer wieder etwas Neues und vielleicht auch Überraschendes.

| Rotkehlchen

Vogelgesang steigert menschliches Wohlbefinden

Vögel sind nicht nur schön anzuschauen, viele singen auch für unsere Ohren wohltuend und melodisch. Mehr als die Hälfte der über zehntausend Vogelarten, die derzeit bekannt sind, gehört in die Ordnung der Singvögel, zu den Vögeln mit einem gut entwickelten Stimmapparat. Daher ist es nicht verwunderlich, dass Vogelgesänge einen großen Teil der Geräusche in der Natur ausmachen. Diese Geräuschkulisse wiederum stellt einen Schlüsselfaktor für menschliche Erfahrungen und Erholung in der Natur dar.

Vogelgesänge sind in unserer Kultur verankert. Naturvölker imitieren das Trillern oder Schnalzen heimischer Vögel. Klassische Komponisten lassen Nachtigall und Goldammer in ihren Musikstücken flöten. Stadtmenschen hören Soundtracks mit Vogelgezwitscher zum Entspannen. Ebenso wie unser Lieblingslied können Vogelstimmen Erinnerungen wecken. Wir werden zurückversetzt in entspannende Naturlandschaften und besinnen uns auf positive Erfahrungen in der Natur. So mancher Vogelgesang lässt uns an einen lauen Sommerabend denken oder an das Zelten im Wald im Kindes- und Jugendalter.

Die Gesänge lenken uns von unserer Alltagssituation ab und halten unsere Aufmerksamkeit fest, ohne uns zu überfordern. Dabei wirkt nicht jeder Vogelgesang gleich, wie bei der Musik hat jeder Mensch eigene Vorlieben und Neigungen. Suche dir einen Gesang, der dich positiv berührt.

| *Blaumeise*

Vogelgezwitscher ist gut für die geistige Gesundheit

In Siedlungsräumen dominieren häufig unangenehme Geräusche oder Lärm. Doch wenn du genau hinhörst, entdeckst du vielleicht in der Geräuschkulisse auch angenehme, willkommene Klänge. Zu diesen zählt für viele Menschen der Gesang der Vögel. Und zu Recht: Forscher des Max-Planck-Instituts für Bildungsforschung und des Universitätsklinikums Hamburg-Eppendorf haben unlängst herausgefunden, dass Vogelgezwitscher Ängste und irrationale Gedanken reduziert.[7]

In der Studie wurde die Wirkung von städtischen (Verkehrslärm) und natürlichen (Vogelgesang) Klängen auf die Stimmung, den Zustand der Paranoia und die kognitive Leistung der Proband*innen erfragt. Die Studie legt nahe, dass das Hören von Vogelgesang unabhängig von der Vielfalt die Ängstlichkeit reduziert, während Verkehrslärm, ebenfalls unabhängig von der Vielfalt des Lärms, mit höherer Wahrscheinlichkeit zur Depression führt.

„Vogelgesang könnte zur Vorbeugung psychischer Störungen eingesetzt werden. Das Anhören einer Audio-CD wäre eine einfache, leicht zugängliche Intervention. Denn wenn wir schon in einem Online-Experiment, das von Teilnehmern am Computer durchgeführt wurde, solche Effekte zeigen konnten, können wir davon ausgehen, dass diese draußen in der Natur noch stärker sind", sagt Emil Stobbe, Erstautor der Studie[8].

WIE DU DIESES BUCH AM BESTEN NUTZT

Du brauchst keine Erfahrung in der Vogelbeobachtung oder Vogelbestimmung, um mit diesem Buch einzusteigen und zu lernen, wie man Vögel beobachtet.

Wir begleiten dich und zeigen dir, wie du dich mit Vögeln in deiner nahen Umgebung beschäftigen und Zeit mit ihnen und in der Natur genießen kannst. Dabei geben wir dir einiges Wissen über diese gefiederten Wesen mit. Durch Übungen und deine eigene Beobachtung wirst du Kraft schöpfen und einen Einfluss auf deinen Alltag merken. Diese Methode der Vogelbeobachtung ist keine einmalige Therapie, sondern wird immer für dich da sein, denn wo auch immer du bist, kannst du Vögel beobachten.

Am besten achtest du auf Vögel in deinem unmittelbaren Umfeld. So kannst du Beobachtungen wiederholen, dich in das Thema eindenken und effektiv lernen. Denn mit jeder Übung erfährst du auch interessante Fakten aus dem Leben der Vögel und welche Leistungen Vögel erbringen können.

Notiere, wie du dich fühlst und auf die Natur reagierst. Notizen zu machen ist der Schlüssel, um die Welt genau zu betrachten. Indem du deine Gedanken und Überlegungen aufzeichnest, fokussierst du sie und setzt dich mit ihnen auseinander. Dabei gibt es kein Richtig oder Falsch.

Es liegt an dir, Vogelbeobachtung als Quelle deiner Kraft in deinen Alltag einzubauen. Mach Entdeckungen in der Natur, in der Welt um dich herum und schließlich an dir selbst.

Die Freya-App unterstützt deine Auseinandersetzung mit den Vögeln.

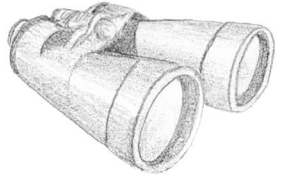

VOGELBEOBACHTUNG FÜR KÖRPER, GEIST & SEELE

– Betrachtungen der Autorinnen

 » Ich sehe Vögel immer und überall «

Höher und höher steigt sie in den Himmel, bald ist nur noch ein Punkt zu sehen. Ein Trällern, ein Zwitschern, ein Jubilieren ist jetzt zu hören. So trägt die Feldlerche ihren Gesang vor, weit hörbar über Wiesen und Felder. Singend schraubt sich der braune Punkt nach oben, immer höher hinauf, bis er stillsteht, um kurz darauf nach unten zu stürzen und mit seinem braunen Tarnkleid auch gleich im Gras zu verschwinden. So manchem Spaziergänger bleibt sie verborgen, doch ich habe sie schon erwartet. Mit den ersten warmen Sonnenstrahlen des Frühlings sind auch die Feldlerchen nach Bayern zurückgekehrt. Warum fliegt sie hoch in den Himmel und singt? Wie oft am Tag macht sie diesen Höhenflug? Und wieso singen nur die Männchen? Woher wissen wir eigentlich, dass die Weibchen der Feldlerche nicht singen? Beide Geschlechter sind schlicht gekleidet. Die kleine Federhaube am Kopf stellen die Männchen manchmal in der Hitze des Gefechtes zur Revierverteidigung auf. Das lässt es größer erscheinen und mag den Widersacher einschüchtern. Der zum Himmel steigende Singflug beeindruckt Artgenossen, männliche und weibliche gleichermaßen. Abgelenkt durch diese Fragen und Beobachtungen, habe ich auch schon vergessen, dass mir der Zug gerade vor der Nase davongefahren ist. Als ich am Bahnsteig auf den nächsten Zug warte, habe ich die Feldlerche entdeckt.

| *Feldlerche*

Doch was war denn das? Als ich noch über die Feldlerche nachdenke, höre ich ein paar Pfiffe aus dem Gebüsch entlang des Bahndamms. Kann ich sie nochmal hören? Schon ertönt wieder ein Pfiff, diesmal gefolgt von süßem, melodischem Gesang. Es ist doch tatsächlich eine Nachtigall, die hier an der einsamen Haltestelle frühmorgens noch ihr Lied pfeift. Sie hat wohl auch diese Nacht kein Weibchen angelockt und bemüht sich unter den Neuankömmlingen des Morgens eine Partnerin zu finden. Nachtigallen verbringen den Winter in Afrika, sie sind Zugvögel und kehren erst mit den längeren Tagen des April in ihr Brutgebiet zurück. Wie die meisten Singvögel fliegen sie in der Nacht, es ist sicherer, da tagaktive Greifvögel schlafen und die Luft still, frei von Turbulenzen ist. In den frühen Morgenstunden suchen sich die Neuankömmlinge ein Revier oder einen Partner, mit dem sie sich niederlassen können. Noch nie habe ich hier am Bahndamm eine Nachtigall singen gehört, doch bei genauerem Hinsehen passt der Lebensraum: Sie bevorzugt Sträucher und Büsche entlang von Gräben. Ein Bahndamm bietet das auch. – Da kommt auch schon mein Zug, viel zu früh eigentlich, denn gerne hätte ich noch mehr von dem Gesang der Nachtigall gehört.

Geht es dir auch so, dass Vögel immer wieder durch dein Leben fliegen, dich ablenken und auf andere Gedanken bringen? Schon weißt du gar nicht mehr, warum du heute schlecht gelaunt warst oder dich über etwas geärgert hast. Oder bist du so sehr in deine eigene, vielleicht digitale, Welt vertieft, dass dir andere Lebewesen gar nicht auffallen? Der Spatz, der fleißig die Krümel des oft so hastig verzehrten Frühstücks der Pendler am Bahnsteig vertilgt? Die Amsel, die schon seit Tagen ihre Jungen im Nest füttert und Regenwurm um Regenwurm herbeischafft, damit die Kleinen ausreichend Proteine bekommen und schnell heranwachsen? Ein Nest mag zwar eine Zeit lang ein sicherer Ort sein, doch wenn die Jungen von Sonnenaufgang bis Sonnenuntergang lautstark nach Futter betteln und Elternvögel geschäftig in dieselbe Lücke im Gebüsch ein- und ausfliegen, muss man kein gekonnter Beobachter sein, um zu merken, dass da etwas im Busch ist. So fallen viele junge Singvögel, noch bevor sie das Nest verlassen können, Beutegreifern zum Opfer.

» **SOUNDSCAPE**
Nachtigall

Vögel gibt es immer und überall. Selbst in der Nacht begegnest du Eulen und manchem Rotkehlchen, das sich von der allzu hellen Straßenbeleuchtung wachhalten lässt. Die meisten Vögel jedoch sind wie wir Menschen tagaktiv, sie tragen buntes Gefieder und bieten laute Gesänge dar. Vielleicht sind es gerade diese Ähnlichkeiten zu uns, die Vögel bei vielen Menschen so beliebt machen. Man kann sie entdecken, bestimmen, abhaken und nach der nächsten Art suchen. Doch darum geht es uns nicht. Die wahre Begeisterung der Vogelbeobachtung liegt im genauen Beobachten, dem Hinterfragen, warum sich ein Vogel so verhält, wie er sich in dem Moment zeigt, dem kurzfristigen Teilhaben am Vogelleben. Das lenkt uns vom hektischen Alltagsleben ab. Kannst auch du in der Vogelwelt Parallelen zu deinem Leben finden? Lass dich auf eine Reise mitnehmen, bei der du viel über Vögel und ihre Lebensweisen erfährst, aber auch über dich selbst.

| Nachtigall

» Wie Vögel mein Leben gerettet haben «

Hier ist ein Foto von mir bei der Vogelbeobachtung in den White Mountains in New Hampshire, während einer sechsmonatigen, strikt überwachten Chemotherapie gegen Brustkrebs. Mein kahler Kopf ist durch eine Perücke verdeckt, aber ich habe ein strahlendes Lächeln auf den Lippen, denn in der Natur zu sein und Vögel zu beobachten hat meinen Geist genährt und mir Kraft und Mut gegeben, Hindernisse zu überwinden. Die Verbindung zu den Vögeln und der Natur war eine der Hauptwaffen in meinem Kampf und war für mich genauso wirksam wie die konventionellen Behandlungen, die ich zu meiner Heilung erhielt. Die Vogelbeobachtung brachte mir Frieden, gab mir geistige Kraft und Energie in einer Weise, die ich nicht leicht beschreiben kann.

So einschneidend eine Krebsdiagnose auch sein kann, ich habe nicht zugelassen, dass mich dieser Wendepunkt von meiner Liebe zu Vögeln und zur Vogelbeobachtung abbringt. Vögel zu beobachten, während ich behandelt wurde, brachte mich auf den Weg der Heilung und Genesung und half mir mich in meiner „neuen Normalität" zurechtzufinden.

Die Atempause, die die „Ornitherapie" in den Klauen der Krise verschafft, kann mit dem Öffnen einer Tür in eine vorübergehende Welt des Friedens verglichen werden. Während ich Vögel beobachtete, verlagerte sich mein Fokus von meinem eigenen Überleben auf das Überleben der Vögel und auch auf die

Schwierigkeiten, denen sie ausgesetzt sind. Am Vorabend des Muttertags fielen mir als Folge der Chemotherapie die Haare aus. Am nächsten Morgen ging ich nach draußen, um nach Vögeln zu suchen und diesen Verlust zu verarbeiten. Ich erinnere mich, dass ich mich ganz auf die Beobachtung konzentrierte, als ich zufällig das Nest eines Blauwaldsängers (Setophaga cerulea) fand, einer in meiner Gegend seltenen Vogelart. Die Erfahrung, eine weitere junge Familie im Überlebensmodus zu beobachten, rückte vieles in die richtige Perspektive, während ich meinen eigenen Lebenswillen wiederfand.

Um den Vögeln in einer Zeit, in der ich mich nicht ganz frei bewegen konnte, näher zu kommen, bewahrte ich alle Haare auf, die ich durch die Auswirkungen der Chemotherapie verloren hatte. An einer Futterstelle bot ich den Vögeln meine Haare als Nistmaterial an, das sie im Frühjahr sammeln konnten. Die Genugtuung, einer Meise dabei zuzusehen, wie sie an den Strähnen meines mir nutzlos gewordenen Haars zieht und Strähnen mitnimmt, machte den persönlichen Verlust zu einem sinnvollen Ereignis. Und betonte, dass einfache Dinge so mächtig sein können.

In schwierigen Zeiten müssen wir alle das finden, was uns auftankt und uns hilft, neue Kraft zu schöpfen. Dann können wir inmitten der Stürme des Lebens Kraft und Frieden finden. Vögel sind meine beste Therapie und Medizin. Ich hoffe, sie werden auch deine sein.

| Blauwaldsänger

NATURTAGEBUCH
„Natur-Journaling"

Wenn wir uns mit einem Thema in der Natur eingehend beschäftigen, hilft es, das, was wir sehen oder hören, festzuhalten. Du kannst dir Notizen zu deinen Gedanken und Gefühlen machen, aber auch Erlebnisse, Fragen oder Erkenntnisse aus der Natur beschreiben. Je nach Anlass, Lust und Laune kannst du malen, schreiben, dichten, fotografieren oder gesammelte Fundstücke einkleben. Deiner Kreativität sind keine Grenzen gesetzt. Nichts anderes machen Naturforscher schon seit Jahrhunderten. Persönlichkeiten wie Albrecht Dürer, Maria Sybilla Merian, Charles Darwin und Leonardo da Vinci zeichneten ihre Sinneseindrücke in der Natur in einem Naturtagebuch auf. Anhand ihrer Darstellungen konnten sie später über ihre Erlebnisse reflektieren und ihr Wissen und Verständnis der Natur erweitern.

Dein Naturtagebuch ist dein Hilfsmittel, um zu lernen und dein Verständnis für die Welt um dich herum zu verbessern. Es ist nur für dich, du musst es niemandem zeigen, du musst dich mit niemandem messen. Du kannst es in verschiedenem Umfang führen. Du kannst all deine Ausflüge in die Natur eintragen oder nur an einem speziellen Ort, zum Beispiel in deinem Garten oder einem Park. Du kannst dich aber auch auf bestimmte Lebewesen konzentrieren, wie zum Beispiel Vögel, die du an verschiedenen Orten beobachtest.

Wenn wir unsere Wahrnehmung der Umwelt auf Papier bringen, müssen wir genau beobachten und uns ganz dem Erlebten zuwenden. Dabei ergeben sich oft Fragen, wir überlegen, warum etwas passiert oder warum es so ist. Wenn du Tagebuch schreibst, werden beide Gehirnhälften aktiviert: die analytische linke und die kreative rechte. Diese beidseitige Beanspruchung der Gehirnhälften steigert wiederum deine Konzentration und Wahrnehmung und lenkt dich von negativen Denkmustern ab.

Deine ersten Aufzeichnungen im Naturtagebuch

› Nimm dir ein Schreibheft, einen Block oder ein Blatt Papier, um Notizen zu machen oder zu zeichnen. Nimm dir Zeit und halte, was du in der Natur gesehen oder gehört hast, fest. Am besten verwendest du dazu einen Bleistift.

› Notiere in deinem Tagebuch den Ort, die Zeit und die Wetterbedingungen. Diese aktuellen Fakten könnten später nützlich sein für einzelne Beobachtungen und sie können einen Rahmen für den Eintrag in dein Tagebuch bieten.

› Für den Anfang wähle ein Natur-Objekt aus, das nicht davonläuft und das du, solange du möchtest, beobachten kannst. Das kann eine Feder, ein Stein, ein Grashalm oder sogar ein Blatt von einer Zimmerpflanze sein.

› Wenn du schon etwas geübter bist, kannst du versuchen Vogelbeobachtungen auf Papier zu bringen.

› Nimm dir Zeit, um dieses einzelne Objekt mit möglichst vielen Sinnen wahrzunehmen.

> Wähle einen besonderen Ort, an dem du dich wohlfühlst, im Freien oder einen Blick aus dem Fenster. Wenn du dort angekommen bist und dich niedergelassen hast, schließe für eine Minute die Augen. Höre einfach zu, komm an im Moment.

> Öffne die Augen und betrachte die Welt, als ob du sie zum ersten Mal siehst. Was fällt dir auf? Es kann das große Ganze sein oder etwas Kleines, das dich anspricht. Vielleicht bemerkst du einen Vogel, vielleicht aber auch nicht.

> Schau genau hin und nimm einfach nur wahr. Vielleicht entdeckst du etwas Neues, etwas, das du noch nie gesehen hast. Welche Beobachtung, welche Informationen kannst du festhalten? Kannst du sie in Worte fassen oder in einer Skizze zeichnen? Oder vielleicht beides?

> Kannst du deine Erfahrung so zu Papier bringen, dass du später, wenn du dein Tagebuch wieder zur Hand nimmst, dich an die Beobachtung erinnerst?

Reflexion deiner Vogelbeobachtung

Wenn du ein Naturtagebuch führst, ein paar Aufzeichnungen machst, wirst du vielleicht merken, dass dieses „Tagebuchschreiben" deine Stimmung hebt. Es kann für Klarheit in Denkprozessen sorgen und dein Gedächtnis verbessern. Es kann dir helfen Stress und Ängste abzubauen. Es ist meditativ und absichtsvoll und deshalb die perfekte Ergänzung zur aufmerksamen Vogelbeobachtung.

Wenn du mittels Vogelbeobachtung tief in die Natur eintauchst, wirst du nicht nur Vögel genauer beobachten und über sie Neues erfahren, sondern auch Neues über dich selbst. Selbstbeobachtung und Reflexion tragen dazu bei, die positiven Auswirkungen der Vogelbeobachtung auf dein Wohlbefinden zu verstärken. Sie helfen dir den gegenwärtigen Moment bewusst wahrzunehmen. Achtsamkeit muss nicht unbedingt im schweigenden Sitzen und in der Meditation erlernt werden. Wir können Achtsamkeit in fast jedem Moment unseres Lebens üben, ohne jegliche Hilfsmittel.

Wenn man Vögel beobachtet und im gegenwärtigen Moment präsent ist, spürt man die Kraft der Begegnung mit einem anderen Lebewesen. Man befindet sich im Hier und Jetzt und konzentriert sich auf das, was direkt vor einem und um einen herum passiert. Diese Praxis beeinflusst auch unsere Wahrnehmung der Umwelt. Wir erleben, welche Rolle wir und andere Wesen in gemeinsamen Ökosystemen spielen. Dieses Verständnis fördert den verantwortungsvollen Umgang mit der Natur.

Jeder Tag bietet Gelegenheit zum Beobachten und Lernen, wir machen neue Erfahrungen und werden zum Denken angeregt.

Wenn du Dinge aus deiner Seele tust,
fühlst du einen Fluss,
der sich in dir bewegt,
eine Freude.

~ Rumi

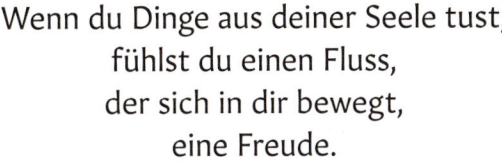

| *Mehlschwalbe*

» **SOUNDSCAPE**
Waldkauz

ÜBUNGEN
ZUR VOGELBEOBACHTUNG

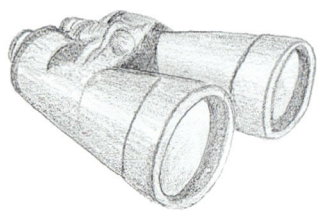

Wir laden dich ein die folgenden 63 Übungen auszuprobieren. Wir beschreiben Beobachtungen, die du allein durchführen kannst oder in der Gruppe mit Gleichgesinnten, um gemeinsam Kraft aus der Vogelbeobachtung zu schöpfen. Du kannst die Übungen in beliebiger Reihenfolge ausprobieren.

Sie sind eine Anleitung, wie du dich mit Vögeln und der Natur intensiv beschäftigen kannst, um die Kraft der gegenwärtigen Beobachtung zu nutzen. Wir stellen Fragen und geben Anstöße, die dir in deinem Leben helfen können. Die Suche nach einer Antwort ist dabei wichtiger als die Antwort selbst.

| *Sumpfrohrsänger*

Beobachten lernen

Als Kinder bestaunen wir die Welt. Wir verlieren uns im Hier und Jetzt, vergessen die Welt um uns herum und beschäftigen uns intensiv mit dem, was direkt vor uns liegt. Wir hinterfragen, was wir sehen und hören. „Warum?" ist eines unserer liebsten Worte. Als Erwachsene erscheint uns die aufmerksame Beobachtung unserer natürlichen Umwelt plötzlich seltsam, beinahe unangenehm, wenn nicht sogar peinlich. Wir wissen nicht, wo oder wie wir beginnen sollen. Dabei ist es eigentlich ganz einfach.

Wir müssen keine Kurse belegen, brauchen keine besonderen Hilfsmittel, denn wir sind mit allem ausgestattet, was wir zum Beobachten brauchen. Mit unseren Augen, Ohren und Geist können wir die Wunder der Natur und ihre Lebewesen in vollem Umfang erleben. Wir müssen nur beginnen sie bewusst wahrzunehmen. Zugegeben, ein Fernglas hilft dir oft dabei noch nähere Einblicke in das Leben der gefiederten Wesen zu bekommen.

» Zum Entspannen und Abschalten von Alltagspflichten beobachte ich Vögel. Das kann während der Mittagspause sein oder am Weg zu oder von der Arbeit. Ich versuche mich auf die Vögel und den Moment einzustellen, was nicht immer leichtfällt. Zu sehr bin ich oft geistig in meinen Aktivitäten des Tages gefangen. Ich versuche unwillkürlich auch bei der Vogelbeobachtung, wie bei so vielen anderen Dingen im Leben, die richtige Antwort zu finden, den Vogel zu bestimmen, ihn einzuordnen. Meine besten Beobachtungen erlebe ich aber, wenn ich davon loskomme, mich einfach nur frage: „Was sehe ich?" Wenn ich auf diese Grundidee des unvoreingenommenen Beobachtens zurückgreife, dann werde ich wirklich langsamer, komme los von Problemen des Alltags und verliere mich im Augenblick. Es gibt kein Richtig oder Falsch. Es geht nur um die Frage, nicht um die Antwort. Es ist eine Entdeckungsreise. – Was siehst du? «

So beobachtest du Vögel

» **Geh hinaus in die Natur** und suche dir einen Platz zum Erkunden. Das kann der Garten sein, ein Stadtpark, ein Naturschutzgebiet, egal wo – du wirst Vögel finden.

» **Versuche Ablenkungen** und Unterbrechungen zu vermeiden. Schalte dein Handy und andere mobile Geräte am besten aus. Lass deine Kamera zu Hause, so kannst du Eindrücke auf dich wirken lassen und behältst sie besser für dich in Erinnerung.

» Verlangsame dein Tempo. Bemühe dich, langsam zu gehen. Zähle eine Minute lang jeden Schritt, um dich darauf zu konzentrieren, langsamer zu werden. So können wir unsere Umwelt besser wahrnehmen und uns auf das Hier und Jetzt einstimmen.

» Bleibe so ruhig wie möglich. Achte auf deine Bewegungen und darauf, ob dein Körper Geräusche verursacht. Oft raschelt Kleidung oder unsere Füße schlurfen im Laub oder Kies. Das lenkt ab. Vögel, wie auch andere Wildtiere, reagieren oft empfindlich auf Bewegungen und ungewohnte Laute. Bewege dich langsam, das hilft nicht nur der eigenen Konzentration, sondern Wildtiere werden dadurch weniger aufgeschreckt.

» Suche dir einen Platz, an dem du im Stehen oder Sitzen ein paar Minuten ausruhen und die Welt um dich herum wahrnehmen kannst.

» Übe dich in der Kunst, Vögel zu finden und zu beobachten: Achte auf Bewegung in den Bäumen, aber auch auf dem Boden. Vögel halten sich gerne am Übergang von einem Lebensraum zum anderen auf, z. B. am Waldrand oder auf Bäumen auf einer Wiese. Vögel können mitunter sehr schnell sein. Wenn wir uns aber die Zeit nehmen und selbst langsam werden, scheinen auch die Vögel langsamer zu werden. Wir können sie plötzlich sehen und beobachten. Oft kehren sie an dieselben Orte zurück, denselben Ast, von dem aus sie singen, dieselbe Futterstelle. Wir müssen uns nur die Zeit nehmen zu warten.

Vögel werden durch Nahrungsquellen angelockt. Überlege dir, wo es Nahrung geben könnte, an Bäumen, Sträuchern und auch entlang von Wegen. Zu wissen, wo Vögel Nahrung finden, hilft uns Vögel zu entdecken. Schau auch dort genau, wo es Samen, Beeren und vor allem Käfer oder andere Insekten geben könnte. Vögel nutzen manche Orte auch zum Ausruhen oder Verstecken. Wenn du geduldig wartest, kannst du sie dort entdecken.

Ziel ist es, Vögel zu finden, nicht sie zu bestimmen. Selbst wenn du nur einen Vogel siehst, ist es ein Erfolg. Wenn du keinen siehst, bist du trotzdem erfolgreich, weil du es versucht hast. Vielleicht hast du morgen mehr Glück dabei. Sobald du einen Vogel oder mehrere Vögel entdeckt hast, konzentriere dich auf das Beobachten und den Augenblick. Frage dich: „Was sehe ich?"

| *Seidenschwanz*

》

Der gegenwärtige Augenblick ist voller Freude und Glück. Wenn du aufmerksam bist, wirst du es sehen.

~ *Thich Naht Hahn*

2

Näherkommen

Ich finde es jedes Mal wieder spannend, mich einem in der freien Natur lebenden Tier zu nähern, in der Hoffnung, es besser sehen und wahrnehmen zu können. Nähe erhöht unser Verständnis für das, was wir sehen, und steigert unser Erleben. Sich Vögeln zu nähern ist eine Herausforderung, aber wenn wir es schaffen, lohnt es sich und das Erlebnis kann unvergesslich sein. Erinnerst du dich vielleicht an einen Gartenvogel, der vor dir sitzen blieb und dich fragend anschaute?

Vögel nehmen große Tiere wie uns Menschen oft als mögliche Gefahr wahr. Die Vögel sind misstrauisch und ergreifen leicht die Flucht. Selbst Türkentauben, die mit Menschen in dicht besiedelten Ballungsräumen zusammenleben, fliegen davon, wenn wir uns schnell bewegen. Du hast vielleicht schon gehört, dass bunte Kleidung Vögel abschrecken würde. Es ist jedoch meist nicht die Farbe, sondern unsere Bewegung, die sie in die Flucht schlägt. Vögel nehmen zwar Farben differenzierter als wir Menschen wahr, aber wichtiger als unser Aussehen ist, wie wir uns bewegen. Darauf reagieren die Vögel sofort. Wenn du dich einem Vogel näherst, bewege dich aufmerksam und achtsam. Nimm auch dein Umfeld bewusst wahr.

| *Türkentaube*

Das Farbensehen der Vögel

Vögel haben vier Farbrezeptoren, sie sehen tetrachromatisch. Zusätzlich zu Rot, Grün und Blau, welche wir Menschen mit drei Rezeptoren sehen, nehmen sie Licht im kurzwelligeren Ultraviolett-Bereich wahr. Vögel können auch viel besser zwischen ähnlichen Farben unterscheiden, sie sehen Kontraste deutlicher.

Das hilft ihnen zum Beispiel, reife von unreifen Beeren zu unterscheiden. Und sie sehen Farben an Objekten, die uns farblos schwarz oder weiß erscheinen, wenn diese Oberflächen UV-Strahlung reflektieren. Die Farbwelt der Vögel ist bunter, reicher, breiter und vielfältiger als die Farbwelt der Menschen.

| Sumpfmeise

» **SOUNDSCAPE**
Sumpfmeise

» Meine besten Naturerfahrungen mache ich, wenn ich ein Teil des bunten Treibens um mich herum bin. Es dauert meist einige Zeit, bis das der Fall ist. Wenn ich an einem Ort ankomme, merke ich, dass ich zuerst eine Außenseiterin bin. Wir Menschen bewegen uns auffällig, die Vögel entdecken uns und „begrüßen" uns lautstark. Das heißt, die Vögel warnen sich gegenseitig, dass ich in ihr Umfeld eingedrungen bin, sie sehen mich als potenzielle Gefahr. Doch wenn ich dann ganz stillstehe, mich mit dem Rücken an einen Baum lehne oder in die Hocke gehe und ruhig verharre, gewöhnen sie sich an meine Anwesenheit. Ich werde ein Teil ihrer Umgebung. Sie scheinen zu vergessen, dass es mich gibt. Ich verhalte mich still, bewege mich nur in Zeitlupe, wenn überhaupt. Dann gehen die Vögel um mich herum ihren Alltagsgeschäften nach: Sie fressen, putzen sich, füttern ihre Jungen. Ich werde ein Teil dieses Treibens und genieße ihre Nähe. «

Halte deine ersten Eindrücke der Vogelbeobachtung fest.

Wo hast du beobachtet? Wie hast du dich verhalten? Bist du den Vögeln nähergekommen oder sind sie vielleicht nahe zu dir gekommen?

» **Such dir einen Platz** im Freien, um zu üben, näher an Vögel heranzukommen. Gärten oder städtische Parks sind oft die besten Orte für den Anfang, da die Vögel dort an Menschen und Aktivität gewöhnt sind. Überlege dir, was ihnen Angst machen könnte. Wir sind alle Tiere und reagieren ähnlich.

» **Tritt leise.** Betrachte es als Achtsamkeitsübung. Nimm wahr, wo und wie dein Fuß den Boden berührt, und zwar ganz leise.

» Verlangsame deine Bewegungen. Vögel sind darauf programmiert, auf Bewegungen prompt zu reagieren. Denk daran deinen ganzen Körper zu verlangsamen. Vermeide plötzliche Bewegungen, bewege dich wie in Zeitlupe.

» Verharre so ruhig wie möglich. Sei still und bring auch deinen Atem zur Ruhe. Vergiss nicht, mobile Geräte auf lautlos zu stellen, wenn du sie überhaupt bei dir trägst.

» Geh nicht direkt auf einen Vogel zu; er wird wahrscheinlich vor dir die Flucht ergreifen. Erwäge andere Blickwinkel, die weniger auf Konfrontation ausgerichtet sind.

» Setze oder lege dich auf den Boden, wenn du magst. Das ist weniger furchteinflößend für Vögel. Je nach Lebensraum funktioniert es manchmal sogar gut, wenn du auf dem Bauch liegst.

» Übe dich in Geduld und Ausdauer. Es mag dir anfangs beschwerlich erscheinen, aber Geduld wird letztendlich belohnt und erfordert Ausdauer.

» Bleib an einem Ort sitzen und warte. Vögel sind wie Menschen, sie sind weniger scheu, wenn ihnen jemand bekannt und vertraut ist. Je länger du sitzt, desto mehr wirst du sehen und verstehen.

**Das Ziel des Lebens ist es,
den eigenen Herzschlag mit dem Takt des
Universums übereinzustimmen,
die eigene Natur mit der Natur,
um uns in Einklang zu bringen.**

~ Joseph Campbell

3

Die gefiederten Nachbarn kennenlernen

Trotz jahrelanger Forschung sind die Möglichkeiten Neues in der Natur zu entdecken enorm. Technologie und molekulare Analysen haben zwar unseren Zugang zur Vogelwelt in den letzten Jahrzehnten revolutioniert und neue Erkenntnisse gebracht, aber wir wissen noch lange nicht alles über Vögel und ihre Rollen in verschiedenen Ökosystemen. Wir kennen ganze Genome einzelner Vogelarten, wir haben die Verwandtschaftsverhältnisse der Arten neu sortiert und arbeiten immer noch daran, wir verfolgen Individuen punktgenau auf ihren langen Flügen zwischen Kontinenten, wir wissen, wie Vögel atmen. Doch dabei sind oft Antworten auf einfache Fragen verloren gegangen. Teilweise kennen wir nicht einmal Tiere und Pflanzen in unserer unmittelbaren Nachbarschaft und wissen nicht, wie sie dort leben.

Wenn wir offen für Entdeckungen sind, erkennen wir bald, dass wir wenig wissen. Das mag einerseits überraschend sein, ist aber auch spannend. Denn dadurch erwarten uns in der Natur grenzenlose Möglichkeiten Neues zu entdecken.

» Manche der häufigen Vögel um uns herum halten wir für selbstverständlich. Wir würdigen sie oft keines zweiten Blickes, doch verpassen wir dadurch vielleicht etwas? Versuche einen Vogel, den du schon tausend Mal gesehen hast, mit neuen Augen zu betrachten, als ob du ihn noch nie gesehen hättest. Kann es sein, dass du erst jetzt beginnst, ihn wirklich zu sehen? Bemerkst du feine Nuancen in der Art, wie er sich bewegt oder wie er frisst? Vielleicht lernst du dadurch diesen Vogel auf eine neue Weise kennen. Und gleichzeitig wirst du besser beim Beobachten. «

| *Amsel*

Wähle eine Vogelart aus, die du in deiner Gegend häufig siehst …

und die du leicht beobachten kannst. Wir haben die Amsel gewählt. Du kannst deine Studie im Laufe eines Tages oder sogar an mehreren Tagen machen. Schreibe zu Beginn dieser Übung die Fakten auf, die du bereits aus früheren Beobachtungen über die Art weißt (z. B. Aussehen, Klang, Verhalten) oder die du über die Art gelesen hast.

Nun versuche neue Beobachtungen hinzuzufügen, achte besonders auf Verhaltensweisen, Farbmuster, das Aussehen einzelner Vögel und Unterschiede zu anderen Individuen, feine Einzelheiten eines Körperteils, zum Beispiel am Schnabel oder an den Füßen.

Stell dir diese Fragen:

» Kann ich erkennen, ob es sich um ein Männchen oder ein Weibchen handelt?

» Wie bewegt sich der Vogel? Läuft, hüpft, springt oder fliegt er?

» Kann ich erkennen, wie er seinen Schnabel benutzt?

» Kann er weite Strecken fliegen?

Nach deiner Beobachtungszeit überlege dir, wie viele neue Fakten du zu deiner vorhandenen Liste an Informationen über diesen Vogel hinzufügen kannst. Tausche dich vielleicht mit anderen Interessierten dazu aus.

Die aufmerksame Beobachtung des Lebens eines anderen Tieres hilft uns, unsere Gedanken von unseren eigenen Sorgen, Bedenken und Ängsten abzulenken – und sei es nur für ein paar Augenblicke. Diese kostbare Auszeit von unserer eigenen Realität kann uns helfen, die Seele baumeln zu lassen, den Alltagsproblemen zu entkommen und das Leben in eine neue Perspektive zu setzen.

| *Grünspecht*

Denken ist interessanter als Wissen,
aber nicht als Anschauen.

~ *Johann Wolfgang von Goethe*

4

Entdecke den Forschergeist in dir

Wir Menschen sind von Natur aus neugierig. Wir probieren gerne Neues aus, wollen die Ersten sein, die einer neuen Idee folgen. Forschergeist hat uns als Gesellschaft weitergebracht. Um Forscher zu sein, müssen wir uns die Zeit nehmen auf Entdeckungsreise zu gehen, etwas auszuprobieren und auch wieder zu verwerfen, falls es nicht die gewünschten Antworten oder Effekte bringt.

In unserer heutigen Gesellschaft werden wir dazu erzogen, unmittelbare Befriedigung zu erwarten, sofort Antworten und Reaktionen zu bekommen, sofort am Ziel zu sein. Die sozialen Medien tragen das Ihre dazu bei. Doch wenn wir wirklich lernen wollen, etwas herausfinden, ist es zielführend Fragen zu stellen und unser vermeintliches Wissen zu hinterfragen. Dieser Frageprozess ist oft wertvoller als die Antworten selbst und kann länger dauern. Sei im Hier und Jetzt, und offen für das, was du vor dir siehst. So kannst du neue Erkenntnisse gewinnen.

In unserer schnelllebigen, oft hektischen Welt kann auch Vogelbeobachtung manchmal stressig sein. Wir wollen neue Vogelarten sehen, hetzen stundenlange einer bestimmten Art nach und sind am Ende des Tages enttäuscht, wenn wir sie nicht gesehen haben. Wenn wir den Vogel entdecken, sind wir so damit beschäftigt ihn auf unserer Liste abzuhaken und ihn zu fotografieren, dass wir ganz vergessen ihn zu beobachten und den Moment zu genießen. Verpassen wir dadurch nicht, den Vogel wirklich kennenzulernen? Was könnten wir noch über diesen Vogel, diese Sumpfmeise hier, zum Beispiel, erfahren?

| *Sumpfmeise*

» Im letzten Winter habe ich zum ersten Mal eine Meise mit einem schwarzen Kopf an der Futterstelle in meinem Garten beobachtet. Nach einem Blick ins Vogelbuch stellte sich die Frage: Ist es eine Sumpfmeise oder vielleicht die in meiner Umgebung seltenere Weidenmeise? Für welche Art ist der Lebensraum Garten besser geeignet? Ist die Meise in meinem Garten ansässig, brütet sie vielleicht sogar in einer Höhle im alten Kirschbaum? Oder kommt sie nur im Winter an die Futterstelle, um sich Sonnenblumenkerne zu holen? Wenn sie tatsächlich hier brütet, wo ziehen die Nachkommen hin, finden sie ihr Revier im Nachbargarten? Könnten beide Arten, Sumpf- und Weidenmeise, bei mir im Garten brüten? Was weißt du über das Leben der Vögel in deinem Garten? «

| *Sumpfmeise*

Tauche ein in den Augenblick.

Nimm dir Zeit, alles und jedes zu hinterfragen. Sei wie ein Kind.

» Wähle einen Vogel, der dir vertraut ist und den du regelmäßig siehst. Überlege dir, wie du ihn besser kennenlernen kannst, was du in Erfahrung bringen möchtest.

» Beobachte ihn genau, stelle Fragen, warum er sich so verhält, wie du es beobachtest. Worum geht es in seinem Leben?

» Nimm dir Zeit, die du mit dem Vogel verbringst, so wie du Zeit mit lieben Freunden verbringst. Bleibe präsent in diesem Augenblick. Stelle viele Fragen. Wecke den Forschergeist in dir. Als Forscher erkennen wir, dass die Reise, auf die wir uns begeben, um zu lernen, das eigentliche Ziel ist. Die aufmerksame Beobachtung und Erkundung der Vögel, sich auseinanderzusetzen mit einem anderen Leben ist das, was die Kraft der Vogelbeobachtung ausmacht. Bei der Beobachtung einzelner Vögel kommen uns Ideen, wir beginnen Fragen zu stellen und nach Antworten zu suchen. Wir müssen nur vor die Türe gehen, um diese Reise anzutreten. Was kannst du heute Neues entdecken?

**Höre nicht auf jemanden, der Antworten gibt;
höre auf jemanden, der Fragen stellt.**

~ Albert Einstein

5
Vögel zu uns locken

Wenn man einen Vogel einmal ganz aus der Nähe sieht, fällt seine Schönheit im Detail auf. So eine Begegnung kann inspirieren, verzaubern.

Je näher wir Vögel zu uns bringen, umso mehr lernen wir über sie und fühlen uns mit ihnen verbunden.

| *Haussperlinge*

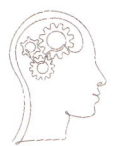

Vogelberingung

Besonders nah sehen wir Vögel, wenn wir sie in der Hand halten. Das passiert routinemäßig, wenn Forscher Vögel beringen. Dabei fangen sie Vögel verschiedener Arten und markieren sie mit einem Metallring an einem Bein. Dieser Ring hat eine eindeutige, individuelle Buchstaben- und Ziffernkombination, wie eine Personalausweisnummer für Vögel. Bei großen Vögeln, wie z. B. Möwen oder Watvögeln, kann diese Nummer mit einem Fernglas in freier Wildbahn abgelesen werden. Singvögel müssen wieder eingefangen oder tot aufgefunden werden, damit die Ringnummer abgelesen werden kann. So kann durch das Beringen das Verhalten einzelner Vögel über einen langen Zeitraum verfolgt werden. Dabei gewinnen wir Erkenntnisse zum Vogelzug, der Lebensdauer, Sterblichkeit, Ernährung und Fortpflanzung einzelner Vogelarten.

Vögel können im Nest beringt werden oder als Erwachsene mittels Japannetzen oder in Fallen gefangen werden. Die fachkundige Beringung muss erlernt werden und erfordert einige Praxis. In Deutschland gibt es drei Beringungszentralen, auf Helgoland, Hiddensee und in Radolfzell, die Vogelberingungsvorhaben koordinieren und genehmigen.

Jeder Vogel bekommt einen von der Größe passenden Ring. Die Aluminiumringe sind extrem leicht und behindern den Vogel nicht. Zur genaueren Beobachtung kleinerer Populationen werden manche Individuen mit Farbringen versehen, die auch bei kleinen Vögeln eine individuelle Identifikation mit dem Fernglas erlauben.

Findet man einen Vogel mit einem Ring, sollte man die Funddaten (Ring-Nr., Fundort und -datum, Fundumstände) unbedingt einer Beringungszentrale mitteilen. Man erfährt dann, wo und wann der Vogel beringt wurde und ob er vorher schon einmal gesichtet wurde. Die Daten werden an die Wissenschaftler weitergeleitet.

Bei manchen Beringungsstationen[9] sind Besucher und freiwillige Mitarbeiter willkommen. Es ist ein wunderbares Erlebnis einen Vogel in der Hand zu halten und ihm tief ins Auge zu schauen.

» Je näher wir der Natur sind, desto mehr schätzen und lieben wir sie. Trifft das auch auf dich zu? «

| *Schlagschwirl*

Es gibt verschiedene Möglichkeiten, Vögel anzulocken, um sie aus der Nähe zu betrachten

» Optik und Technik helfen uns. Mit Ferngläsern, Kameras, Web- und Wildkameras kommt man näher an Wildtiere heran. Die Optik bietet uns einen großen Vorteil, um die Natur aus nächster Nähe und im Detail zu studieren. Ein Fernglas ist zwar für die Beobachtungen und Übungen in diesem Buch nicht erforderlich, aber es wird deine Erfahrungen bereichern. Es kann dir manche Vögel so nahebringen, dass du glaubst, sie fast berühren zu können.

» Gestalte deinen Garten vogelfreundlich. Wenn du Vögeln einen artgerechten Lebensraum, d. h. sichere Plätze zum Verstecken, Ruhen und Nisten bietest, werden einige Vogelarten zu dir *nach Hause* kommen. Einheimische Pflanzen und Bäume sind die besten Optionen für eine naturnahe Landschaftsgestaltung und bieten ein reichhaltiges Nahrungsangebot und natürlichen Unterschlupf für viele Wildtiere, nicht nur Vögel.

» Biete zusätzliche Nahrung an. In Form von Sämereien, Fettfutter, Mehlwürmern oder Obst. Vogelfutterhäuschen bieten uns stundenlange Unterhaltung und ermöglichen eine genaue Beobachtung. Gemütlich von der Terrasse oder vom Fenster, wie von einem Vogelbeobachtungsstand aus, kannst du das rege Treiben erleben. Achte darauf, dass das Futter trocken und sauber ist, damit keine Krankheiten an deine gefiederten Gäste übertragen werden. Je vielfältiger dein Futterangebot ist, desto höher ist die Vielfalt der Vogelarten, die du beobachten kannst.

» Biete Wasser an. Vögel brauchen frisches Wasser zum Trinken und Baden. Wenn du kein Vogelfutter anbieten kannst, ist eine Wasserstelle eine gute Alternative, um die Vögel anzulocken. Eine einfache flache Schale mit Wasser, die du auf eine leicht erhöhte Stelle, wie einen Baumstumpf, stellst, nehmen Vögel gerne an. Das Wasser sollte täglich ausgetauscht und aufgefüllt werden, damit es sauber bleibt und Stechmücken von der Eiablage abhält, besonders wenn es warm ist. Meisen, Amseln und Spatzen scheinen richtig Spaß beim Baden zu haben.

» **Bring Nistkästen an.** Wenn du über ausreichend Platz verfügst, ist das Anbringen von Nistkästen eine gute Möglichkeit, heimischen Vögeln nicht nur Nahrung und Verstecke anzubieten, sondern auch einen Brutplatz. Am besten bringst du einen Kasten in Bereichen mit guter Sicht und außer Reichweite von frei laufenden Katzen an.

» **Beobachte vom Fenster aus.** Wenn du keinen Garten hast, aber ein Fenster, von dem aus du beobachten kannst, gibt es Futterhäuschen, die du am Fenster anbringen kannst. Wenn du einen Balkon hast, kannst du mit Blüten und Samen heimischer Topfpflanzen unter anderem Finkenvögel anlocken. Auch Nisthilfen lassen sich auf dem Balkon anbringen, z. B. für Meisen, Hausrotschwanz oder Haussperling.

Und dann nimm dir Zeit und erfreue dich an den gefiederten Besuchern.

 » *TIPPS zum Erwerb eines Fernglases und was du beachten solltest*[10]

 » *TIPPS für einen vogelfreundlichen Garten*[11]

6

Aufmerksam beobachten

Wie ein gutes Buch kann uns das Beobachten von Vögeln von den Dingen des Alltags ablenken und unsere Emotionen und unsere geistige Energie vorübergehend in andere Bahnen lenken. Vogelfutterhäuschen geben uns Einblicke in das oft dramatische Leben unserer gefiederten Gäste, für die es nur ein „Jetzt" gibt. Indem wir uns mit dem Leben eines anderen Wesens beschäftigen, verschaffen wir uns selbst eine Pause und geistige Erholung von unserer eigenen hektischen Welt. Diese positive Energie nehmen wir in den Alltag mit.

| Blaumeise

Vogelfutterhäuschen sind nicht einfach nur Futterstellen für Vögel. Für uns können sie zu „Klassenzimmern" der Verhaltensbeobachtung werden. Sie bieten die Möglichkeit, sich bewusst mit den Verhaltensweisen, verschiedenen Aufgaben und Lebensmustern der Vögel um uns herum zu beschäftigen. Das Verhalten eines Vogels an einer Futterstelle verrät viel über seine Persönlichkeit und wie er in das Ökosystem vor unserer Haustür passt. Welches Futter wählt er und wie manipuliert er es? Wer streitet mit wem?

Wenn ein Vogel neu an die Futterstelle kommt, scheint er oft wachsam oder auf der Hut zu sein. Mit der Zeit entspannt er sich. Wir sehen, wie er sich an seine Umgebung gewöhnt. Vögel verhalten sich ähnlich wie Menschen, wenn sie in neue soziale Situationen eingeführt werden. Denke daran, wie du dich vielleicht fühlst, wenn du in eine Menschenmenge von Unbekannten kommst. Achte bei nächster Gelegenheit auf deine Körperhaltung. An der Futterstelle beachte Reaktionen des Neuankömmlings auf andere Vögel und sein Verhalten. Wie reagieren die Vögel an der Futterstelle auf den Neuling?

Manche Vögel zeigen Dominanz gegenüber anderen. Ungeduldig, mit einer „Ich zuerst"-Einstellung, vertreiben diese Vögel Artgenossen von den Sitzplätzen. Andere beobachten sorgfältig das Futterhaus und warten, bis ein Platz am Häuschen frei ist. Einige sitzen nur selten direkt an der Futterstelle, sondern sind der Aufräumtrupp, der gewissenhaft alles vertilgt, was auf den Boden fällt. Sind diese Vögel bescheiden oder schlau?

Bekannte „Kämpfer" sind die Grünfinken. Sie wollen den Futterplatz für sich und tolerieren in Schnabelreichweite kaum einen anderen Vogel. Sie drohen oft. Aber auch Kohlmeise, Kleiber und Kernbeißer sind gegenüber anderen Vogelarten überlegen, allein durch ihr forsches Auftreten oder ihre Körpergröße. Wenn sie auftauchen, weichen die anderen zurück. Nicht so die Blaumeise. Sie kann trotz ihrer kleineren Größe frech und kämpferisch sein. Jeder, der sich in ihrer Nähe aufhält, muss sich in Acht nehmen!

» In unseren Städten herrscht ein reges Treiben. Wie in einem Ameisenhaufen laufen wir von links nach rechts, treffen uns und gehen wieder auseinander. Erst wenn du stillsitzt und beobachtest, nimmst du dieses Getümmel bewusst wahr. Du kennst vielleicht auch die Situation, dass du auf einer Parkbank sitzt und still Leute betrachtest, die vorbeigehen. Unbewusst nimmst du wahr, wie groß sie sind, wie sie sich bewegen und wie sie im Vergleich zu anderen Passanten aussehen. Sie gehen vorbei und du schaust ihnen nach. Da entdeckst du deine Freundin. Ganz in der Ferne unter all den anderen Menschen hast du sie sofort erkannt. Sie trägt heute ihr hübsches blaues Kleid, aber das war es nicht, woran sie dir sofort aufgefallen ist. Sie ist etwas kleiner als so manch andere Passantin, und zierlich. Sie hat einen federnden Gang, der sie fröhlich wirken lässt. Diese Merkmale sind dir vertraut, sie sind immer vorhanden und daran kannst du sie jederzeit erkennen. Genauso ist es bei der Vogelbeobachtung. Wenn du dir Größe, Form und Bewegung einzelner Arten einprägst, kannst du Vögel in verschiedenen Situationen erkennen. Auf diese Merkmale kannst du dich jedes Mal verlassen.

Erkennst du bestimmte Merkmale einzelner gefiederter Gartenbesucher? «

» **TIPPS** zur Vogelfütterung, wie man bestimmte Arten anlocken kann und worauf du achten solltest[12]

67

Beobachte das Verhalten der Vögel am Futterhäuschen ...

und finde heraus, was du über das Leben und die Persönlichkeiten deiner gefiederten Gäste erfahren kannst. Frage dich, ob du vielleicht Parallelen zu Menschen in deinem Leben entdeckst.

» Wenn du Vögel in deiner Umgebung beobachtest, fallen dir Unterschiede in den Verhaltensweisen der einzelnen Arten auf, die du beobachtest? Kannst du diese beschreiben?

» Fressen manche Vögel eher auf dem Boden oder unter einem Futterhäuschen als im Futterhäuschen selbst?

» Ignorieren einige der Vögel im Garten die Futterhäuschen völlig, besuchen aber eine Wasserstelle? Im Sommer nimmt eine Amsel einen Schluck zu trinken und ein Bad, fliegt aber nicht an das Futter in der Nähe.

» Schau dich um, wenn die Futterstellen aktiv sind. Fällt dir eine Hierarchie von Vögeln auf, die der Reihe nach darauf warten, am Futterhäuschen zu sitzen?

» Welche Arten dominieren die Futterstellen? Benehmen sich einige dominant?

» Wenn du ein Vogel wärst, wie würde deine Persönlichkeit in das Schauspiel im Garten passen? Wärst du eine streitlustige Blaumeise oder eine wachsame und ruhige Türkentaube?

**Wer ein hungriges Tier füttert,
nährt seine eigene Seele.**

~ Charlie Chaplin

7

Unsere digitalen Begleiter

Wir befinden uns mitten im digitalen Zeitalter. Wir haben ständig Bildschirme vor uns, die unser Leben digital begleiten. Elektronische Geräte, wie PCs, Laptops oder Smartphones, bieten enorme Mengen an Informationen. Sie neigen aber auch dazu, uns zu verwirren und uns geistig zu ermüden. Wir bewegen uns ständig zwischen den Bildschirmen hin und her und verpassen dabei die natürlichen Reize, die uns im Freien umgeben. Können wir diese Geräte zu unserem Vorteil nutzen, um in die Natur einzutauchen und mehr über sie zu erfahren?

Manche würden sagen, dass die Nähe zur Natur ohne elektronische Hilfsmittel erfolgen muss. Es stimmt, dass wir darauf achten sollten, wie unsere Geräte unsere Aufmerksamkeit beeinträchtigen. Kameras, Audiorekorder und Webcams können uns allerdings helfen, wenn wir versuchen Details zu erfassen und uns mit Feinheiten in der Natur beschäftigen.

Wiederholung ist der Schlüssel zum Lernen, und je mehr man schaut, desto mehr sieht man.

Kann ein Objektiv einer Kamera dir helfen mehr zu sehen? Kameras, auch in unseren Handys, können uns Schnappschüsse von Verhaltensweisen und Details liefern, die für unser Gehirn und unsere Augen zu schnell passieren oder zu klein sind, um sie zu verarbeiten und zu interpretieren. So können wir sie festhalten und später noch einmal genau betrachten. Die meisten von uns haben diese Hilfsmittel bereits zur Verfügung, und wenn wir sie sparsam einsetzen, können wir vielleicht mehr aus unseren eigenen Begegnungen mit der Natur herausholen.

Das Aufzeichnen von Lauten, Verhaltensweisen und Momenten im Leben eines Vogels kann sich lohnen. Wir können vergrößern, um mehr zu sehen, wiederholt beobachten, um zu verstehen und zu entdecken, oder genau hinhören, um Muster zu erkennen. Diese Hilfsmittel ermöglichen es uns auch, das, was wir sehen und hören, mit anderen zu teilen und, zum Beispiel, Beobachtungen für Citizen Science Projekte[13] zu dokumentieren. Sparsam und gezielt eingesetzt überwiegen die Vorteile etwaige Nachteile beim Lernen. Und obwohl diese Aufnahmen der Wirklichkeit niemals das tatsächliche Leben ersetzen, können sie doch nützliche Werkzeuge sein, um Verbindungen zu knüpfen. Sie können den verantwortungsvollen Umgang mit der Welt um uns herum fördern.

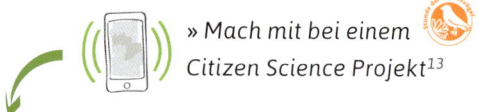

» *Mach mit bei einem Citizen Science Projekt*[13]

» Vor einigen Jahren begann ich, eine Kamera mit langem Objektiv mitzunehmen, wo immer ich in der Natur unterwegs bin. Ich bin keine Fotografin im eigentlichen Sinne des Wortes, aber ich liebe die Möglichkeit, Augenblicke in der Natur festzuhalten. Ich nutze dieses Werkzeug als Gelegenheit, um zu lernen und mich zu erinnern – wie ein Souvenir an einen geschätzten Moment. Ich nehme Vogelstimmen, Rufe und andere Laute in der Natur mit meinem Smartphone auf. Das hilft mir, die Klänge zu verstehen und nachzudenken über die Klänge, die ich in diesem Moment gehört habe. Das Leben um mich herum aufzunehmen bereichert meine Erfahrungen auf eine mehrdimensionale Weise – und verlängert meine Zeit mit den Vögeln noch ein bisschen mehr. Zuhause kann ich mir ihre Gesänge wiederholt anhören. Fotos helfen mir auch Wochen später mich an einen bestimmten Vogel, eine bestimmte Situation zu erinnern.

Wie verwendest du digitale Geräte? Können sie dir die Natur näherbringen? Oder fühlst du dich durch sie von der Natur entfremdet? «

Versuche Feinheiten im Leben der Vögel mittels Kamera und Audiorecorder zu entdecken

» Nimm mit einem Smartphone, einem Tablet oder einer Kamera ein Video oder einige Fotos von einem Vogel auf, den du im Garten oder Park beobachtest.

» Es muss nicht unbedingt die Qualität eines Porträtfotos haben, um daraus zu lernen. Tatsächlich kannst du viel über die Größe, die Form und das Verhalten eines Vogels aus einem unscharfen Video lernen. Deine Augen und dein Verstand werden nicht durch Farben oder andere Details abgelenkt, sondern konzentrieren sich stattdessen auf wichtige Punkte wie die Bewegungen und die Silhouette des Vogels.

» Nimm mit einer App auf deinem Handy den Gesang eines Vogels im Garten auf. So kannst du ihn dir immer wieder anhören und einprägen. Versuche auch in einem visuellen Diagramm aufzuzeichnen, wie das Lied „aussieht" – aufsteigende Schrägstriche für Noten aufsteigender Tonhöhe, Kreise für Wiederholungen, absteigende Schrägstriche für Töne abfallender Tonhöhe. Sei kreativ.

Kannst du Vogelgesänge lernen, indem du deine eigenen visuellen Diagramme erstellst?

» Verbessert die Verwendung eines digitalen Geräts dein Verständnis und deine Verbindung zur Natur und zu den Vögeln um dich herum? Oder lenkt es dich von genauen Beobachtungen ab? Dann lass deine digitalen Geräte zu Hause.

Vogelstimmen aufnehmen

Wenn du professionelle Tonaufnahmen machen willst, brauchst du ein gutes Mikrofon und Tonaufnahmegerät. Für eine Aufzeichnung für deine eigene persönliche Verwendung funktioniert ein Smartphone erstaunlich gut. Anstelle der oft integrierten App lädst du am besten ein spezielles Aufnahmeprogramm herunter, damit du Kontrolle über bestimmte Einstellungen hast. Es ist wichtig unkomprimierte WAV-Dateien aufzunehmen, damit keine Vogellaute bei der Aufnahme verloren gehen. Im MP3-Format werden die ursprünglichen Laute stark komprimiert und umgewandelt, um eine kleinere Dateigröße zu erzielen. Das ist nicht ideal für Vogelstimmen, da besonders hohe Frequenzen davon betroffen sind, von denen vor allem kleine Singvögel viele haben. Die meisten speziellen Aufnahme Apps, wie RØDE Rec (iOS) oder RecForge II (Android), ermöglichen es dir, einige Standardeinstellungen zu konfigurieren bzw. sind schon passend voreingestellt.

Folgende Einstellungen solltest du anstreben:

» **Dateityp**: Wähle WAV (.wav), ein unkomprimiertes Dateiformat, das bessere Ergebnisse liefert als komprimierte Dateiformate wie MP3 oder M4A.

» **Aufnahmequalität**: Stelle diesen Wert so hoch wie möglich ein. Einige Programme bieten einfache Optionen wie „Niedrig" oder „Hoch", während du bei anderen genauen Einstellungen für die Abtastrate und Bittiefe vornehmen kannst. Wir empfehlen eine Abtastrate von 48 kHz und eine Bittiefe von 24 Bit, aber wenn diese Optionen nicht verfügbar sind, erzielen 44,1 kHz und 16 Bit auch gute Ergebnisse.

» **Kanäle**: Die meisten Smartphones zeichnen Audio automatisch in Mono auf. Dies ist die beste Option, da du nur ein Mikrofon am Handy hast. Bei der Option „Stereo" werden die Audiodaten in zwei identischen Kanälen aufgezeichnet, wodurch sich die Größe der Tondatei unnötig verdoppelt, du aber nichts an Information dazugewinnst.

» **Automatische Verstärkungsregelung (Automatic Gain Control, AGC):** Diese Funktion sollte ausgeschaltet werden, damit du den Aufnahmepegel manuell steuern kannst. Am besten stellst du ihn auf Maximum ein, da Vögel meist relativ weit entfernt von deinem Mikrophon und daher leise singen.

» **Pegeleinstellung:** Bei den meisten speziellen Aufnahme-Apps kannst du den Aufnahmepegel einstellen. Der Spitzenpegel sollte zwischen -6 und -12 dB liegen. Wichtig ist, dass der Spitzenpegel nicht 0 dB erreicht.

Wenn du eine Tonaufnahme hast, gibt dir eine visuelle Darstellung des Vogelgesangs neue Einblicke. Die grafische Darstellung kann dir auch helfen, Vogelstimmen einzelner Arten zu erlernen. Mit Hilfe spezieller Softwareprogramme kannst du ein Sonagramm, eine Abbildung der Vogelstimme, anfertigen. Dabei werden die Schallvorgänge als Frequenzänderungen über die Zeit horizontal aufgetragen. Die vertikale Höhe der Linie entspricht der Tonhöhe, die Dicke der Linie der Lautstärke.

Ein kostenfreies Programm zur Darstellung der Vogelstimme bietet die Cornell Universität in Ithaca NY: Raven Soundsoftware (*https://ravensound-software.com*). Auf den Webseiten findest du auch detaillierte Anleitungen zur Analyse der Gesänge.

_(angepasst nach https://www.allaboutbirds.org/news/how-to-record-bird-sounds-with-your-smartphone-our-tips/)

> Eine Kamera ist der Speicherknopf
> für das geistige Auge.
>
> ~ *Rodger Kingston*

8

Das Vogel-Puzzle

Um aufmerksam zu werden, muss man genau hinschauen. Und das kann man trainieren.

Am besten beginnst du, indem du dir einen Vogel als Puzzle vorstellst. Denk an einen Vogel, den du gut kennst. Stell dir diesen Vogel in zehn Teilen vor. Kannst du seine Gefiederzeichnung auf den einzelnen Puzzleteilen beschreiben, ohne ihn zu sehen?

| *Eichelhäher*

» Wenn man beginnt Vögel zu beobachten, weiß man oft nicht, wie die einzelnen Arten aussehen, und kann seine Beobachtung daher nicht benennen, weiß nicht, welche Vogelart man gesehen hat. Aber man kann genau beschreiben, was man sieht, welche Merkmale den Vogel ausmachen, wie man sich die Beobachtung merken möchte. Wie verhält sich der Vogel in einzelnen Situationen oder anderen Vögeln gegenüber? Welche Körpermerkmale unterscheiden ihn von anderen Vögeln?

Dieses genaue Hinsehen und Festhalten des Gesehenen schulen das Auge. Es führt dazu in allen Aspekten des Lebens aufmerksamer zu sein und die Welt in ihren Details neu zu entdecken. – Welche Farben haben die Flügel des Eichelhähers? «

| Eichelhäher

Deine Aufgabe ist es die Puzzleteile zusammenzufügen,

die dann einen vollständigen Vogel ergeben. Das vorrangige Ziel dieser Übung besteht darin, sich auf Details zu konzentrieren. Wenn wir genau hinschauen, jedes einzelne Stück genau betrachten, lernen wir, mehr zu sehen.

» Nimm etwas zum Schreiben, ein Notizbuch, ein Stück Papier oder dein Tagebuch.

» Suche dir einen Vogel, den du gut kennst, zum Beobachten.

» Stell dir ein Bild dieses Vogels in zehn Teilen vor. Beschreibe deinen Vogel auf dem Papier mit Worten oder mit einer Skizze für jeden der einzelnen Teile.

» Nachdem du das ein Mal gemacht hast, versuche es noch einmal. Wie bei jedem guten Puzzle wirst du feststellen, dass es schwierig ist, alles schnell zusammenzusetzen. Doch wenn du das Puzzle wiederholt übst, wirst du schneller werden.

» Vergrößere das Puzzle weiter, indem du mehr Details und mehr Teile hinzufügst. Füge, zum Beispiel, fünf weitere Teile hinzu. Wenn du das Puzzle immer größer machst, wirst du rasch bemerken, dass du auch immer mehr Details siehst. Das verbessert nicht nur deine Beobachtungsgabe in der Natur, sondern wird sich auch auf andere Bereiche deines Lebens übertragen, wie deine Arbeit und persönliche Beziehungen. Deine Wahrnehmung wird sich verbessern.

Ich möchte mich auf das Wesentliche konzentrieren, nämlich meine Arbeit, die meistens darin besteht, stillzustehen und das Staunen zu lernen.

~ Mary Oliver

9

Gute Laune in der Natur

Wer hat nicht schon mal den guten Rat gehört: „Geh raus in die Natur, frische Luft ist gesund"? Dabei tut uns nicht nur die Luft gut. Erfahrungen in der Natur haben positive Effekte auf das menschliche Wohlbefinden. Das bestätigen wissenschaftliche Untersuchungen schon seit Jahrzehnten. So fasste der Soziobiologe Edward O. Wilson im Jahr 1984 das menschliche Grundbedürfnis, mit der Natur zu interagieren, in seiner Biophilie-Hypothese zusammen: „Wir fühlen uns gut, wenn wir mit der Natur und ihren Lebewesen in Kontakt sind."

Wenn wir uns in der Natur bewegen oder Vögel beobachten, werden in unserem Körper positive chemische Reaktionen hervorgerufen. Hormone sind die Auslöser unseres Wohlbefindens in der Natur. Diese Botenstoffe steuern unser Leben, unbewusst und

unwillkürlich. Sie beeinflussen unsere Stimmung, unsere Figur und unsere Gesundheit. Wenn wir in die Natur hinausgehen, beginnen unser Körper und unser Geist sofort auf die natürliche Umgebung zu reagieren und lösen innere Veränderungen aus. Cortisol, das Hormon, das auf Hochtouren läuft, wenn wir gestresst sind, sinkt. Dieses interne chemische Warnsignal steuert Stressreaktionen in unserer Stimmung, unserem Immunsystem, unserem Stoffwechsel und dem Alterungsprozess. Ein Überschuss an Cortisol in unserem System macht unseren Körper träge und gefährdet die Gesundheit. Zeit in der Natur kann diese Effekte umkehren, unser Stressniveau senken. Je mehr wir uns mit der Natur verbunden fühlen, desto stärker ist die Wirkung auf unser Wohlbefinden, unseren Körper und unsere Psyche.

Wir fühlen uns mit der Natur verbunden, wenn wir Natur intensiv erleben. Dazu müssen wir unsere Aufmerksamkeit auf die Natur lenken, unsere fünf Sinne einzeln und alle zusammen aktivieren. Wir wollen über die Natur staunen wie ein Kind und auch reflektieren, wie die Natur auf uns wirkt, was uns guttut und wie viel davon. Achtsame Vogelbeobachtung schafft uns diesen Zugang. Wir können Vögel mit verschiedenen Sinnen wahrnehmen. Wir sehen ihre bunten Farben, hören ihre Gesänge. Federn, die wir am Boden finden, können wir berühren, fühlen. Der Duft der Blüten, an denen Vögel nach Insekten suchen, und der Geschmack der Beeren an Sträuchern, die Vögel bis in die Wintermonate hinein fressen, lassen uns erahnen, wie Vögel ihre Umwelt wahrnehmen. Sich mit einem Lebewesen konkret auseinanderzusetzen schafft direkten Zugang und Einblicke, die wir vielleicht nicht erwartet haben. Diese achtsame Beobachtung lenkt uns von unseren eigenen Problemen ab und holt uns ins Hier und Jetzt.

Gönne dir Zeit in der Natur und das Vergnügen aufmerksam und achtsam zu beobachten. Beobachte, wie ein Vogel lebt, wie er überlebt. Werde, wenn auch kurzfristig, ein Teil seines Alltags. In diesen Momenten der Konzentration können wir so viel lernen. Unser Körper und Geist profitieren davon, wenn wir Vögel beobachten.

» Nimm die Natur mit alle Sinnen wahr. Frage dich, wie dich Geräusche, Gerüche, die Farben der Natur berühren. Das Erleben in der Natur ist grenzenlos und voller Überraschungen. Schreibe auf, wie du dich vor und nach einem Spaziergang in der Natur fühlst, vor und nach der Beobachtung von Vögeln. Was bewirkt der Gesang einer Amsel in dir?

Ich liebe es, durch städtische Umgebungen zu gehen und die Natur an unerwarteten Orten gedeihen zu sehen. Risse im Gehsteig sind mein Favorit: Ich liebe es, genau hinzusehen und winzige Blumen oder Pflanzen zu entdecken, selbst einen Grashalm, der die Widerstandskraft des Lebens demonstriert. Einen Wanderfalken beim Überfliegen von Wolkenkratzern zu beobachten, ist ein Nervenkitzel. Amseln ziehen Würmer aus kleinen Grasflecken an Straßenkreuzungen. Ein Rotkehlchen singt von einem Strauch neben einem Hochhaus sein Lied. Wo immer wir hingehen, können wir etwas Neues in der Natur finden. Die Wunder der Natur füllen mich aus. Geht es dir ähnlich? «

| Wanderfalke

Erfreue dich an einfachen Details, an den offensichtlichen wie auch den verborgenen.

Bleib in der Natur stehen, schaue und höre hin. Versuche im Augenblick präsent zu sein. Versuche dich nicht von den Anforderungen des Lebens ablenken zu lassen. Suche dir einen Platz, an dem du unbekümmert stehen oder sitzen kannst.

» Schließe die Augen und zähle von fünf rückwärts. Atme tief aus.

» Öffne die Augen und schaue die Welt um dich herum an.

» Mach eine kurze Bestandsaufnahme mit all deinen Sinnen: Was siehst du? – Was hörst du? – Wie riecht es? – Wie fühlt sich deine Haut an?

» Beginne mit der natürlichen Welt zu interagieren.

» Versuche drei neue Dinge zu entdecken: einen neuen Klang, einen neuen Geruch, ein neues Merkmal eines Vogels, den du gut kennst.

Versuche dies ein paar Minuten lang – schaue, ob du dabeibleiben kannst und aufmerksam deine Umgebung wahrnehmen. Versuche es dann morgen noch einmal und verdopple die Zeit.

Vielleicht bist du überrascht, was passiert. Lass die Energie der Natur auf dich wirken und nimm diese Energie in dich auf. Genieße die Wirkung aufmerksamer Vogelbeobachtung.

Einfach von der reichhaltigen Natur umgeben zu sein verjüngt und inspiriert uns.

~ Edward O. Wilson

10

Ein Spaziergang

Bewegung in der Natur hilft uns dem Alltagsstress zu entkommen. Wir tanken neue Kraft. Wenn du spazieren gehst und deinen Körper in Bewegung bringst, können deine Gedanken frei schweifen. Du kommst aus deinen eingefahrenen Denkmustern heraus. Du findest Raum deine Gefühle zu verarbeiten, ohne den „Lärm" des Alltags, der oft alles übertönt und dich im Bann hält. Plötzlich kannst du dich auf das Wesentliche konzentrieren. Inmitten all der Schwierigkeiten und Herausforderungen, die dir das Leben präsentiert, findest du vielleicht eine andere Perspektive.

Auch vertraute Orte sind es wert, genauer erkundet zu werden; sie bieten unentdeckte Überraschungen. Orte ändern sich mit dem Rhythmus der Natur. Im Frühjahr kannst du das Erwachen von Pflanzen und Tieren erleben. In der Hitze des Sommers wird es ruhiger, viele Tiere und auch Pflanzen machen regelrecht eine Pause. Im Herbst ebben Energie und Aktivitäten des Jahres ab, bis im Winter Ruhe einkehrt. Das Warten auf erneutes Erwachen beginnt. Kannst du diese Änderungen wahrnehmen? Auch im Tagesverlauf ändert sich vieles. Mit Geduld und unvoreingenommen entdeckst du vielleicht verborgene Schätze der Natur.

» Wenn ich spazieren gehe, setze ich mir das Ziel, mich von dem überraschen zu lassen, was ich in der Natur sehe, höre und finde. Für mich ist die Natur voll von Überraschungen, und ich freue mich jedes Mal darauf, was ich aus der „Wundertüte" ziehen kann, wenn ich mich auf den Weg mache und mich auf meine natürliche Umgebung einstelle. Einstimmen bedeutet für mich im Moment zu sein. Ich erlaube mir, mich zu konzentrieren, für ein paar Minuten abzuschalten – das ist mein heimliches Vergnügen. Ich vertiefe mich in die Suche nach dem Neuen und Vertrauten und beobachte neue Dinge.

Die Natur ist zeitlebens voll von Überraschungen. «

Unternimm einen Spaziergang im Freien.

Das kann überall sein, sogar entlang einer Straße in der Stadt. Es muss kein langer Spaziergang sein, um effektiv für deinen Körper und Geist zu sein.

Beobachte und horche: Kannst du in der Nähe Vögel entdecken? Wie viele verschiedene Vögel erkennst du? Du musst sie nicht bestimmen können, um Unterschiede zu bemerken, aber nimm ihre Vielfalt wahr.

Schreibe deine Beobachtungen auf, gerne in dein Naturtagebuch:

» Wie war das Wetter?

» Was hast du gesehen?

» Welche anderen Tiere sind dir begegnet?

» Sind dir interessante Verhaltensweisen aufgefallen, als du Vögel oder Tiere entlang deines Weges beobachtet hast?

Wiederhole morgen denselben Spaziergang und schaue, ob du mehr oder andere Vögel und Tiere zu deinen Notizen hinzufügen kannst. Das Ziel jedes Spaziergangs ist, etwas Anderes zu entdecken und zu beobachten. Mit etwas Übung wirst du dich auf die Natur einstimmen.

Wenn wir uns mit dem Leben von Vögeln und anderen Tieren beschäftigen, relativieren sich Dinge in unserem eigenen Leben. Wir bemerken vielleicht, was uns wichtig ist, fühlen uns geerdet und zentriert. Wir kommen in Kontakt mit uns selbst, wo wir sind: in unserem Körper, im Hier und Jetzt.

Die Natur muss gefühlt werden."

~ Alexander von Humboldt

» **SOUNDSCAPE**
Pirol

11

Den Alltag ausblenden

Alle Lebewesen, uns eingeschlossen, werden durch Reize aus der Umwelt beeinflusst. Wir sind Erwartungen und Anforderungen an unsere Aufmerksamkeit ausgesetzt, einige sind real, andere nur von uns wahrgenommen. Sie können uns gefangen nehmen und wir verlieren den Fokus auf unsere Ziele.

Wenn wir uns erlauben, den Druck des Lebens für ein paar Momente auszublenden und abzuschalten, können wir uns in einem Raum entfalten, in dem Alltagssituationen weit hinter uns liegen. Wir sind losgelöst von unseren Routinen und Pflichten und erleben ein wenig Freiheit.

| Pirol

Morgendliche Klanglandschaft vor der Haustür

Die Umwelt bewusst mit anderen Sinnen wahrzunehmen gibt uns neue Perspektiven. Geräusche und Klänge begleiten uns überall, so sehr dass wir sie oft aus unserer Wahrnehmung ausgrenzen. In vielen Situationen mit Straßen- und Motorenlärm hilft uns dies den Verstand zu bewahren.

Natürliche Klänge jedoch wirken angenehm und wir wollen sie oft bewusst wahrnehmen. Du kannst selbst ausprobieren, wie Vogelgesang auf dich wirkt, anregend oder beruhigend? Höre dir in der App ausgewählte Melodien und Soundscapes an. Diese Klanglandschaften entstehen durch das Zusammenwirken aller akustischen Ereignisse an einem Ort (nach R. Murray Schafer[14]). Wenn du erst einmal diese Musik der Natur entdeckt hast, ist der Vogel-Chor zur Morgendämmerung im Frühling ein unvergessliches Erlebnis. So kannst du dich auf einen frühmorgendlichen Spaziergang machen und einfach nur zuhören und die Vielfalt der Stimmen genießen. Beobachte, wie du dich dabei fühlst.

» SOUNDSCAPE
Moorlandschaft

» Wenn ich die Augen schließe und einfach nur zuhöre, komme ich der Natur näher. Wenn ich meine Gedanken nur auf Geräusche in der unmittelbaren Umgebung einstelle, fühle ich mich im Moment geerdet. Ich spüre, wie ich mich zu entspannen beginne. Diese Art von Ruhe versetzt mich in einen Zustand der Achtsamkeit. Das Erleben natürlicher Klanglandschaften ist berauschend - als ob die Geheimnisse der Natur in meine Ohren geflüstert werden. Ich genieße die Klänge, die ich höre, viel mehr. Die Klänge werden kräftiger, heller und süßer - als ob die Lautstärke nur für mich aufgedreht worden wäre. Ich höre mehr und ich verbinde mich mit der Welt auf eine besondere Weise. «

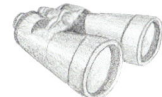

Suche die Verbindung mit der natürlichen Welt.

Konzentriere dich auf deine akustische Wahrnehmung, versuche dich auf die Natur und insbesondere die Vogelwelt einzustimmen, indem du andere Reize abschaltest. Mit der Zeit wird dir das Zuhören leichter fallen. Du wirst mehr hören. Du wirst einen inneren Frieden finden und du wirst dich nach mehr Verbindungen zur natürlichen Welt um dich herum sehnen und diese auch finden.

» Geh nach draußen – in deinen Garten oder einen Park – und finde einen stillen Platz, um ein wenig innezuhalten.

» Schließe deine Augen.

» Blende alle künstlichen Geräusche aus, stimme dich ein und höre der Natur einfach zu. Konzentriere deine Sinne, sodass du nur Vögel hörst.

» Höre zwei Minuten lang konzentriert zu und schreibe auf, was du hörst. Mach dir vielleicht Notizen in dein Tagebuch.

Du brauchst die Vögel nicht zu bestimmen, damit diese Übung wirkt. Aber stell dir diese Fragen:

» Habe ich mehr als einen Vogel gehört?

» Habe ich mehr als eine Art von Vogel gehört?

» Welche anderen Geräusche habe ich gehört?

» Versuche eines dieser Geräusche in Worten oder einer Zeichnung zu beschreiben.

Wiederhole dies ... noch einmal heute oder morgen. Verlängere allmählich die Zeit des Zuhörens. Beobachte, was sich ändert. Hörst du mehr? Kannst du dich besser konzentrieren, wenn du geübt bist?

Tanke Kraft aus der Vogelbeobachtung, dem Zuhören und dem Naturerleben, erlebe die Kraft der Vogelbeobachtung.

**Bei jedem Spaziergang mit der Natur
erhält man weit mehr, als man sucht. ...
Denn rauszugehen, fand ich, war wirklich reingehen.**

~ John Muir

Vogelbeobachtung tut gut

Im Alltag werden wir in viele Richtungen gedrängt und gezogen. Egal wie alt wir sind, es gibt ständig etwas zu tun. Das kann ermüdend sein. Wenn wir Vögeln und der Natur erlauben, uns zu entschleunigen, ist das ein Mittel zur Selbstheilung. Natur kann als Medizin wirken. Wenn wir uns nur eine halbe Stunde in der Natur aufhalten, sinkt bereits unser Stress-Pegel.[15] Zeit in der Natur verbessert auch unseren Schlaf und steigert die Lebensfreude. Wir sind entspannt und fühlen uns wohl. Wer regelmäßig Zeit in der Natur verbringt, kann seine Aufmerksamkeit regenerieren und seine Konzentrationsfähigkeit fördern. Vögel ziehen Aufmerksamkeit auf sich, ihre Ästhetik und Eleganz ziehen uns in ihren Bann. Man kann gedankenverloren den Bewegungen und Gesängen der Tiere folgen, ohne in tiefere Sinnsuche einzutauchen. Daraus tanken wir neue Energie und Kraft. Man kann Vögel allein beobachten und

dabei in eine Art meditativen Zustand fallen, wie manche*r Vogelbeobachter*in aus Erfahrung weiß. Man vergisst Zeit und Raum und gibt sich ganz dem Naturerlebnis hin – so wie man es in der Kindheit getan hat. Aber auch in Gemeinschaft mit anderen Vogelinteressierten machen die Beobachtung und der Austausch des Gesehenen Spaß und haben eine positive Wirkung auf das Allgemeinbefinden aller Beteiligten.

Dabei ist Vielfalt bedeutend. Die Fülle verschiedener Vogelarten in einem Gebiet erhöhen die Lebenszufriedenheit der Menschen, die sich dort in der Natur aufhalten.[16] Der Vogelreichtum kann Gefühle der Ängstlichkeit lindern und depressive Gedanken ein Stück weit unterbinden.[17] Vögel sind für das menschliche Wohlbefinden genauso wichtig wie finanzielle Sicherheit. Ein Mehr an Vögeln scheint sogar eine größere Bedeutung für die Zufriedenheit der Menschen zu haben als ein zusätzliches monetäres Einkommen pro Monat.[18]

Heilende Wirkung der Vogelbeobachtung

Das therapeutische Potenzial der Vogelbeobachtung wird von Ärzten in vielen Ländern erkannt und genutzt. Im Vereinigten Königreich, anderen Ländern Europas, in Japan, Kanada und in Australien, um nur ein paar zu nennen, gehört Aufenthalt in der Natur zu den ärztlich verordneten Maßnahmen, vor allem für Patienten mit psychischen Problemen.

Das Sehen oder Hören von Vögeln ist mit einer Verbesserung des psychischen Wohlbefindens verbunden, die bis zu acht Stunden anhalten kann.[19]

Auch in Deutschland wird die positive Wirkung der Vogelbeobachtung in Senioren-Pflegeeinrichtungen genutzt. So hat der LBV in Bayern ein Projekt entwickelt, bei dem mit Hilfe von Vogelfutterstationen eine Nähe zwischen älteren Menschen und Singvögeln geschaffen wird. Vogelbeobachtung wirkt sich dabei nachweislich positiv auf die psychische und physische Gesundheit der Senior*innen aus.[20]

» An manchen Tagen jagt einfach ein Termin den anderen. Bereits in der Früh bin ich müde und will gar nicht aus dem Bett. Wo soll ich bloß die Kraft hernehmen all meine Aufgaben zeitgerecht zu erledigen? Während ich noch im Bett liege und den Tag im Geist ablaufen lasse und plane, singt eine Amsel vor meinem offenen Schlafzimmerfenster. Flötend trägt sie ihr melodisches Lied von der Spitze des Apfelbaums vor. Unbewusst dringen ihre Töne an mein Ohr, wie leise Musik im Hintergrund. Nach ein paar Strophen werden die Töne höher, feiner, mit perlendem Ende – ein Rotkehlchen hat sich dazugesellt und lässt seinen Gesang aus der Hecke hören. Dann unüberhörbare, etwas kratzende Laute vom Dachgiebel – der Hausrotschwanz stimmt in den Chor ein. Schon bald lausche ich einem Konzert zahlreicher Vogelarten im Garten, dem sich nun auch Kohlmeise und Blaumeise angeschlossen haben, ebenso ein Zilpzalp und die Mönchsgrasmücke, direkt vor meinem Fenster. Munter springe ich aus dem Bett und beginne meinen Tag.

Du musst die einzelnen Vogelarten nicht erkennen und benennen können, ihre Melodien, ihr Gesang wirkt auf deine Seele und gibt dir Kraft für den Tag. «

» **SOUNDSCAPE**
Amsel

| Amsel

Nimm dir Zeit, um nach draußen zu gehen und Vögel aufmerksam zu beobachten.

» Beginne mit einer Art Selbstinventur: Wie fühlst du dich heute, jetzt, in diesem Augenblick? Bist du gestresst? Abgelenkt? Müde? Schreibe deine Gefühle auf.

» Gehe in der Natur spazieren und beobachte, was du um dich herum entdeckst. Siehst du einen Vogel? Versuche ihm zu folgen (am besten nur mit den Augen), finde heraus, was er macht, in welcher Situation er sich befindet. Erlaube dir dich zu entspannen und Freude an der Erfahrung zu finden. Überlege dir oder schreibe danach auf, was du am meisten genossen hast und warum.

» Denke am Ende darüber nach, wie du dich fühlst und ob die Erfahrung bei dir den Wunsch nach mehr weckt. Glaubst du, dass die Natur dir guttut und deine Gesundheit fördern kann?

Wiederhole diese Übung, wann immer du Lust dazu hast.

Nicht der Arzt heilt, sondern die Natur.

~ Hippokrates

Finde Vielfalt

Vögel sind ein Teil der Biodiversität, der Vielfalt des Lebens auf der Erde. Es gibt mehr als zehntausend verschiedene Vogelarten weltweit. In Deutschland sind über dreihundert Arten nachgewiesen, die jedoch nicht alle bei uns brüten. Vögel sind nicht nur selbst ein Teil der Vielfalt, sie brauchen auch die Vielfalt rund um sie, da sie auf eine abwechslungsreiche natürliche Umgebung angewiesen sind. Sie nutzen, zum Beispiel, verschiedene Tier- und Pflanzenarten als Nahrungsquelle. Sie kommen in den meisten natürlichen Lebensräumen vor, in Wüsten ebenso wie im tropischen Regenwald, auf Wiesen, entlang von Flüssen und Seen, am Meer. Manche Vögel sind auf einen einzigen Lebensraum angewiesen, andere sind anpassungsfähig und finden sich an vielen Orten zurecht. In ihrer Vielfalt bewohnen sie die verschiedensten

| Hellroter Ara

Lebensräume von den Polen bis zum Äquator, vom Meeresspiegel bis zu den höchsten Gebirgen. Sie sind ein Teil dieser Ökosysteme, der verschiedenen Lebensgemeinschaften von Tier- und Pflanzenarten, die aufeinander angewiesen sind.

Um erfolgreich zu sein, braucht jeder Vogel einen Platz zum Leben. Er muss mit den Witterungsbedingungen zurechtkommen, Nahrung finden, ebenso wie einen Partner, er muss Junge großziehen und mit anderen Individuen die Ressourcen teilen. Dabei hat jede Vogelart eigene Strategien entwickelt. Wenn wir genau schauen, können wir entdecken, welche Rolle Vögel im Netz des Lebens spielen und wie sie ein Teil unserer gemeinsamen Umwelt sind.

Bei der intensiven Beobachtung eines anderen Lebewesens entdecken wir vielleicht Parallelen zu unserem Leben. Wir sind auch ein Teil dieser Vielfalt auf der Erde. Jede*r von uns hat unterschiedliche Ansprüche und Erwartungen und findet einen Platz, erfüllt eine Rolle in der Gemeinschaft. Gleichzeitig ist die Vielfalt um uns wichtig, damit unterschiedliche Aufgaben erfüllt werden. Wenn wir nach der Vielfalt der Vögel Ausschau halten, können wir viel über sie lernen und herausfinden, wie sie an ihre Lebensräume angepasst sind. Wir lernen andere Lebewesen zu schätzen. Können wir auch etwas über uns selbst lernen und wie wir uns an unsere Umgebung anpassen?

» Die Vielfalt der Natur begeistert mich. Die Natur lenkt mich auf die bestmögliche Weise ab. Ich fühle mich von ihr angezogen, solange ich mich zurückerinnern kann. Die Gerüche, Geräusche und das Gefühl der Natur bringen Freude und treiben mich an. Ich betrachte die Welt als einen großen lebenden Organismus – alle Teile sind miteinander verbunden. Ich bin fasziniert vom Nachtfalter, der in meinem Garten an einer Blüte Nektar trinkt. Mit einer Taschenlampe mache ich ihn kurzfristig auch für meine Augen sichtbar. Er ist verbunden mit der Blume, mit mir und mit dem Hausrotschwanz, der ihn im frühen Morgenlicht finden wird. «

Versuche an einem einzigen Tag so viele verschiedene Vogelarten wie möglich zu beobachten.

Du musst die Vögel nicht benennen, aber beobachte Unterschiede in ihrer Gestalt, Größe, Farbe und in ihrem Verhalten. Das kann direkt im Garten sein, bei einem Spaziergang oder wo immer dein Tag dich hinführt. Führe eine fortlaufende Liste, in der du die Vögel beschreibst, und notiere, ob du Vögel auf dieser Liste findest, die Folgendes tun:

» hüpfen

» kontinuierlich flattern während des Fluges

» flattern und dann gleiten

» während des Fluges nie zu flattern scheinen

» einen wellenförmigen Flug haben

» Kreise hoch oben am Himmel fliegen

» an einem Baum hochklettern

» einen Baum herunterklettern

» im Staub baden

» auf Holz trommeln

» auf dem Wasser schwimmen

» unter Wasser tauchen

Was war deine beste Beobachtung an diesem Tag? War es ein Verhalten, das dir aufgefallen ist? Ein einzelner Vogel?

| Hausrotschwanz

Wir wissen nur einen winzigen Teil über die Komplexität der natürlichen Welt. Wohin man auch schaut, es gibt immer noch Dinge, die wir nicht kennen und nicht verstehen ... Es gibt immer neue Dinge, die man herausfinden kann, wenn man sich auf die Suche nach ihnen begibt.

~ Sir David Attenborough

14

Vielfalt in der Vogelwelt und im Leben

Unser Leben ist vielgestaltig, und so ist die Natur um uns herum. Es besteht die Vielfalt innerhalb der Arten (genetische Vielfalt) ebenso wie die zwischen den Arten (Artenvielfalt) und die Vielfalt der Lebensräume, in denen sie vorkommen. Unterschiede zwischen Wald, Wiese, Tümpel sind offensichtlich, ebenso zwischen Frosch, Storch und Katze. Doch innerhalb einer Art müssen wir genau hinschauen, um Vielfalt zu erkennen. Auch einzelne Individuen unterscheiden sich in ihrem Aussehen, ihren Eigenschaften und Besonderheiten, die jedes einzigartig machen und es von seinen Artgenossen abgrenzen.

Bei Vögeln ist das nicht anders. Einzelne Vögel sind unglaublich vielfältig, genau wie wir Menschen. Während unsere Erwartungen an einen Vogel vom Exemplar einer einzigen Art geprägt sind, wie wir sie vielleicht in einem Bestimmungsbuch sehen, ist jedes

| *Haussperling*

Individuum in vielerlei Hinsicht einzigartig anders. Aber sehen wir sofort diese Unterschiede, wenn wir hinschauen? Wenn wir Zeit damit verbringen, die Vögel um uns herum genau zu beobachten und sie wirklich kennenzulernen, beginnen wir einzelne Individuen wahrzunehmen – genauso wie uns die Persönlichkeiten unserer Freunde auffallen.

Am einfachsten erkennt man Unterschiede im Aussehen. Vor allem die Gefiederfärbung einzelner Individuen einer Art weicht leicht voneinander ab. Die Färbung durch Pigmente und feine Strukturen der Federn wird vom Ernährungszustand des jeweiligen Vogels und von den Genen beeinflusst. Besonders auffällig ist diese Variabilität, wenn Pigmente fehlen oder ein genetischer Defekt vorliegt, der den Vogel teilweise oder ganz weiß erscheinen lässt.

Fehlen farbstoffbildende Zellen in der Haut oder im Gefieder handelt es sich um leuzistische Variation. Meist sind nur bestimmte Partien betroffen, dann ist der Vogel gefleckt oder hat zum Beispiel einen weißen Kopf. Die Farbe der Augen und des Schnabels ist wie gewohnt. Ist der ganze Vogel hingegen rein weiß, handelt es sich meist um Albinismus, einen Gendefekt. Die Farbstoffzellen sind zwar vorhanden, bilden aber keinen Farbstoff. Albinos erkennt man daran, dass meist alle Körperteile entfärbt sind und die Augen blutrot erscheinen. Die betroffenen Vögel können zwar ein ganz normales Leben führen, doch fallen sie durch ihre weiße Färbung auf und werden dadurch leicht Beute von Greifvögeln.

| *Teilleuzistisches Amselmännchen*

Vögel einer Art sehen nicht nur unterschiedlich aus, sie klingen auch anders. Wenn wir den Vögeln beim Singen zuhören, bemerken wir, dass ihre Lieder variabel sind und sich jedes Individuum doch etwas anders anhört. Die Art und Weise, wie sie klingen, wird durch die geografische Lage, wo sie ihren Gesang gelernt haben und von wem, beeinflusst. Wie Menschen haben auch Vögel regionale Dialekte, die wir hören können, wenn wir genau und intensiv zuhören. Jeder Vogel singt sein eigenes Lied.

Können Vögel ihre eigene Individualität bestimmen? Sind sie in der Lage, ihr eigenes Aussehen oder ihren Gesang zu ändern? In gewissem Maße können sie beides beeinflussen. Durch Gefiederpflege werden Farbmuster und Federn in Ordnung gehalten. Durch das Kopieren von Geräuschen oder Gesängen anderer Vögel können sie ihr Lautrepertoire erweitern und anpassen. Interessant ist, dass Artgenossen die Variationen eben dieser beiden Merkmale, das Aussehen und den Gesang, beachten, wenn es darum geht die Kräfte eines Rivalen einzuschätzen oder einen Partner zu wählen. Vögel sind zu Individualität fähig, auf eine Art und Weise, die wir erst langsam verstehen lernen. Vögel sind Individuen. Sie sind alle unterschiedlich und geprägt von der Welt um sie herum, so wie wir auch.

» Es sollte uns nicht überraschen, dass Vögel einer Art unterschiedlich aussehen. Wir Menschen gleichen auch nicht einer dem anderen. In der Vogelwelt gibt es Unterschiede zwischen den Geschlechtern, aber auch altersabhängige Variation oder Änderungen des Gefieders mit der Jahreszeit. Wenn ich einen Vogel in einem Bestimmungsbuch oder im Internet nachschlage, sehe ich ein Individuum, in einer bestimmten Pose. Kein Wunder, dass die Vogelbeobachtung und Artbestimmung nach Büchern so schwierig sind. Auf einem Foto kann nur genau ein Vogel einer bestimmten Art abgebildet sein. Und genau diesen Vogel findest du niemals in der Natur. In Büchern mit Zeichnungen sind die Merkmale mehrerer Individuen vereint, ein Vorteil gegenüber der Fotografie. In der Realität sieht trotzdem jeder Vogel anders aus. Die Vielfalt macht Vogelbeobachtung spannend und lässt uns immer wieder Neues und Unerwartetes entdecken. «

| Wiedehopf

Besondere Merkmale

An diesen Merkmalen kannst du die Vielfalt der Vögel einer Art erleben:

» Gefiederfärbung: Erkennst du Abweichungen in Farbmustern oder Farbtönen? Schau dir die Variation im Gefieder der Sperlinge an. Wenn du genau hinschaust, unterscheidet sich jeder vom anderen.

» Gesang: Kannst du Unterschiede in den Gesängen der einzelnen Vögel hören? Wenn du zum Beispiel Amseln in deinem Garten zuhörst, singen sie alle genau das gleiche Lied? Welche anderen Vogelgesänge sind ähnlich, aber doch nicht ganz gleich?

» Verhalten: Kannst du Unterschiede im Verhalten von Individuen der gleichen Art feststellen? Wenn du sie gut genug kennst, kannst du dann denselben Vogel immer wieder entdecken?

Fällt es dir schwer, Unterschiede bei einzelnen Vögeln zu erkennen, und wenn ja, liegt das an deinen eigenen Erwartungen oder weil die Unterschiede dezent und schwer zu erkennen sind?

> Denke niemals,
> dass ein Mangel an Variabilität
> Stabilität ist.
>
> ~ Nassim Taleb

Anpassungen

Die Natur befindet sich in einem ständigen Wandel. Landschaften ändern sich durch natürliche Prozesse, wie zum Beispiel Überschwemmungen auf Wiesen oder Sturmschäden in Wäldern. Landschaften verändern sich aber auch durch menschliche Eingriffe und Aktivitäten. So ist unsere heutige Kulturlandschaft erst durch verschiedene kulturelle Nutzungsformen des Menschen entstanden. Geprägt von Landwirtschaft und Rohstoffabbau hat die Landschaft ihr heutiges Erscheinungsbild erhalten.

Auch Deutschlands Natur befindet sich in einem ständigen Wandel. Neue Arten wandern ein, andere sterben aus oder sind nur mehr in Restbeständen vorhanden. So werden zum Beispiel Girlitz, Türkentaube und Karmingimpel erst seit Ende des 19. Jahrhunderts bei uns beobachtet. Fisch- und Seeadler waren viele Jahre lang verschwunden, da ihnen Pestizide, allen voran DDT,

| Löffelente

schwer zusetzten. Außerdem wurden diese großen Greifvögel gejagt. Jäger und Fischer sahen die Vögel als Konkurrenten und stuften sie daher als schädlich ein. Für den Abschuss gab es Prämien, um 1900 waren Seeadler in Deutschland bis auf wenige Paare ausgerottet. Seit dem 20. Jahrhundert stehen die majestätischen Vögel unter Schutz und so geht es auch mit ihrem Bestand wieder langsam aufwärts. Ähnliches gilt für den Fischadler.

Bei anderen Vögeln muss es noch zu einem Umdenken kommen. Vor fünfzig Jahren noch galt der Haussperling als Volksschädling, heute steht er auf der Roten Liste bedrohter Vogelarten Bayerns. In großen Schwärmen konnte der Spatz ganze Getreidefelder leerfressen. Meist wirken mehrere Faktoren zusammen, die zu Veränderungen in der Verbreitung von Vögeln führen.

So führt auch der Klimawandel zu Umstellungen in der Vogelwelt. Die Auswirkungen sind in viel kürzerer Zeit als je zuvor in der Erdgeschichte spürbar. Für viele Arten verschiebt sich dadurch ihr Verbreitungsgebiet. Der wärmeliebende Bienenfresser und der Wiedehopf könnten ihr Areal nach Norden erweitern, wenn sie dort passende Lebensbedingungen vorfinden.

Der farbenfrohe Bienenfresser kommt in Deutschland bereits bis ins nördliche Nordrhein-Westfalen regelmäßig vor. Selbst Vorstöße bis nach Schweden und Finnland sind bekannt. Der Wiedehopf, einst regelmäßiger Brutvogel in Deutschland, ist aufgrund des Verlustes seines Lebensraums offener Viehweiden mit lockerem Obstbaumbestand an vielen Orten Deutschlands verschwunden. Wärmere Temperaturen und auch ein Wandel unserer Landschaft könnten ihm im nächsten Jahrzehnt bei der Wiederansiedlung einstiger Gebiete helfen.

Tiere, die wir in unseren Landschaften beobachten, haben sich an neue Situationen angepasst. Anpassungen sind für das Überleben notwendig. Der Körper eines Vogels ist in einzigartiger Weise an seine Lebensweise angepasst, an die Nahrung, die er zu sich nimmt, an den Ort, an dem er lebt, und an die Art und Weise, wie er sich bewegt. Eine Löffelente, zum Beispiel, hat einen ungewöhnlich geformten Schnabel: Wie wird er wohl benutzt, was kann diese Ente damit fressen?

» Wenn ich mir den Schnabel eines Vogels ansehe, stelle ich ihn mir als ein Werkzeug vor, das sorgfältig gestaltet ist, damit der Vogel genau das fressen kann, was er zum Überleben braucht. Ich vergleiche die Form mit bekannten Objekten: einem Dreieck, einer Karotte, einer Zange ... Wenn ich das tue, hilft es mir zu verstehen, wie der Vogel seinen Schnabel benutzt. Daran erinnere ich mich später, wenn ich versuche, den Vogel als Art zu bestimmen. Hier ist ein Beispiel: Einen langen dolchartigen Schnabel kann ein Vogel zum Aufspießen von Fischen benutzen, wie es zum Beispiel Grau- oder Silberreiher machen.

Welchen Vogel hast du entdeckt? Wie sieht sein Schnabel aus? Kannst du ihn beschreiben oder zeichnen? «

| *Bienenfresser*

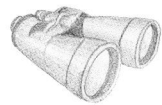

Lass unser Augenmerk auf die Schnäbel legen,

als eine Anpassung an ihre Nahrungsweise. Betrachte den Schnabel eines jeden Vogels, den du heute im Garten, am Weg zur Arbeit oder wo auch immer deine Wege dich heute hinführen, beobachtest. Das Ziel ist es, Vergleiche anzustellen. Stelle dir beim Betrachten der verschiedenen Schnäbel die folgenden Fragen:

» Welche Unterschiede gibt es zwischen den Schnabelgrößen der Vögel, die du beobachtest?

» Welche Vor- oder Nachteile könnten die Größe und Gestalt des Schnabels für den jeweiligen Vogel haben?

» Wie groß sind die Unterschiede in den Schnabelformen der Vögel, die du beobachtest? Gibt es Unterschiede?

» Kannst du anhand des Schnabels eines Vogels vorhersagen, wo er lebt oder wie er seine Nahrung findet?

» Wie setzt der Vogel seinen Schnabel ein? Kannst du sein Verhalten bei der Nahrungsaufnahme beschreiben?

Wie Vögel sind auch wir Menschen an die Welt um uns herum angepasst. Sich Zeit zu nehmen, um nachzudenken und sich auf die Welt da draußen zu konzentrieren, kann uns helfen sich an Veränderungen anzupassen. Das kann uns in schwierigen Zeiten Ruhe verschaffen.

**Wenn wir eine Situation nicht ändern können,
müssen wir uns selbst ändern.**

~ Viktor Frankl

16

Traum vom Fliegen

Ein Großteil der Faszination für Vögel liegt daran, dass sie fliegen können. Ohne jegliche Hilfsmittel verlassen sie den Boden und erheben sich in die Lüfte. Es sieht so einfach, so schwerelos aus, dass wir Menschen schon lange versucht haben es nachzuahmen. Mittlerweile ist es uns auch geglückt. Unsere Maschinen, die Flugzeuge und Helikopter, sind nach dem Vorbild der Vogelflügel und ihrer Antriebsweisen gebaut. Gleichen die weiten Tragflächen der Boeing 747 nicht den Flügeln des Seeadlers, der über den Teich gleitet? Die Rotorblätter des Helikopters dem schnellen Flügelschlag des Kolibris? Aufgrund der enorm hohen Frequenz der Flügelschläge von bis zu 70 Schlägen pro Sekunde steht der kleine Vogel still in der Luft oder fliegt rückwärts.

| *Seeadler*

Vier Kräfte wirken auf den Vogel, wie auch auf uns, wenn wir uns in die Lüfte erheben wollen. Ihr Gegenspiel muss passen, um in der Luft zu bleiben: Der Auftrieb überkommt die Schwerkraft, die Schubkraft den Widerstand der Luft. Nur so bleiben Vogel und Flugzeug in der Luft und bewegen sich vorwärts.

Variationen in Flügelform und Flugstil

Nicht jeder Vogel kann gleich gut und schnell fliegen. Manche Arten, wie Strauß, Emu und Nandu, können es überhaupt nicht (mehr). Andere haben die Flugfähigkeit zugunsten besseren Tauchens aufgegeben. So fliegen Pinguine förmlich unter Wasser.

Die Flügel der Vögel sind dementsprechend unterschiedlich geformt. Es gibt breite, langgestreckte, runde, geschlitzte und spitz zulaufende Flügel, die den Flugstil der jeweiligen Vögel bestimmen. Vögel im Forst oder Waldgebiet, die um und durch dichte Vegetation manövrieren, haben elliptisch geformte Flügel. Dazu gehören viele Singvögel, Krähen und Wachteln, die mit kurzen, breiten Flügeln, langsam, aber wendig, zwischen den Bäumen manövrieren. Andere Vögel sind für wilde Verfolgungsjagden gebaut, wie Falken, Mauersegler, Schwalben und Seeschwalben. Sie haben dünne, spitz zulaufende Flügel, die sie durch ständigen Flügelschlag zu hohen Geschwindigkeiten befähigen. So können sie Insekten, Fische oder kleinere Vögel im Flug oder Sturzflug erbeuten. Manche Vögel ziehen weite Strecken, um den Winter in südlichen Gefilden zu verbringen. Auch sie haben lange Flügel für die weite Reise. Zum Segeln oder Gleiten eignen sich breite Flügel mit Schlitzen am Rand, die von den Federn der Handschwingen geformt werden. So gleiten Weißstorch und viele Greifvögel über die Landschaft.

» Wenn ich einen Segelflieger am Himmel entdecke, muss ich an den Gleitflug großer Vögel denken. Dieser Flug fasziniert mich, scheinbar mühelos und lautlos bewegen sie sich vorwärts. Geschickt nutzen sie die Thermik und Windströmungen und können so weite Strecken ohne einen einzigen Flügelschlag zurücklegen. Der Weißstorch ist ein Meister darin, aber auch große Greifvögel wie Milane oder Adler stehen ihm um nichts nach. Wie ein Brett sind die Flügel ausgestreckt und nutzen den Auftrieb. Von einer thermischen Säule zur nächsten gleiten sie, ohne dabei an Höhe zu verlieren. Doch am meisten faszinieren mich die Albatrosse, die den Auftrieb der Ozeanwellen nutzen und entlang der Wellen im Zickzack-Flug gleiten. Im Auf und Ab mit den Wellen. Sie nutzen das Windgefälle über dem Meer und fliegen so tagelang, ohne einen Fuß auf Land zu setzen. Für mich sind sie die wahren Meister des Segelflugs. «

| *Bulleralbatros*

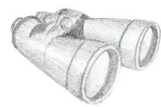

Konzentriere dich bei deinen nächsten Beobachtungen auf das Flugverhalten der Vögel.

» Wie schnell fliegt der Vogel?

» Bewegt er seine Flügel rasch auf und ab oder gleitet er über längere Strecken mit weit ausgebreiteten Flügeln?

» Wie sind die Flügel geformt? Am besten siehst du das bei Vögeln, die über dir, am Himmel segeln, wie Greifvögel, Schwalben, Mauersegler, aber oft auch Tauben und Möwen. Probiere einmal dich auf deinen Rücken zu legen und in den Himmel zu schauen. So entgeht dir kein Vogel und du erlebst sie aus einer anderen Perspektive.

» Wie halten die Vögel ihre Flügel im Gleitflug, gerade zur Seite oder leicht nach oben?

**Wer einem Vogel die Flügel stiehlt,
kann noch lange nicht fliegen.**
~ Günter Schneiderath

Balance im Leben

Wenn wir ans Fliegen denken, stellen wir uns Flügel vor, Strukturen, die Freiheit, schnelle Flucht und das Vorankommen zu fernen Horizonten ermöglichen. Aber Flügel stehen in engem Zusammenspiel mit den Schwanzfedern eines Vogels. Der Schwanz eines Vogels leistet einen wesentlichen Beitrag zu dessen Balance – in der Luft, im Wasser und auf dem Boden. Mit den Schwanzfedern können Vögel steuern und manövrieren, sie sind ein Ruder, mit dem sie ihren Kurs ändern können, wenn sie sich bewegen.

Der Schwanz erlaubt Rückschluss auf die Flugweise eines Vogels, er erhöht den Widerstand in der Luft, bremst ab und verlangsamt den Flug

| *Gebirgsstelze*

für die Landung. Kurze Schwanzfedern ermöglichen Geschwindigkeit und schnelle Manöver in der Luft. Denk an den kurzen Schwanz eines Mauerseglers oder einer Mehlschwalbe. Manche Schwanzfedern sind verstärkt und können wie Stützen sein, die einen Aufstieg erleichtern. Beobachte, wie sich ein Specht auf seinen Schwanz lehnt, wenn er an einem Baumstamm sitzt.

Schwanzfedern spielen eine Rolle für das Überleben einer Art – ihre Färbung und Länge wirken anziehend auf das andere Geschlecht. Bei der Rauchschwalbe ist nicht nur die Länge ausschlaggebend, auch die Symmetrie der beiden Gabelspitzen wirkt anziehend auf Partnerinnen. Die Schwanzfedern können auch Laute im Wind erzeugen: Bei manchen Kolibri-Arten lässt der Luftstrom zwischen speziell geformten Federn diese musikalisch erklingen. Sie können ein Schmuckstück sein (Pfaue) oder ein Warnsignal: In den tropischen Wäldern Mittel- und Südamerikas schwingen Motmots ihren extrem langen, oft gegabelten Schwanz wie das Pendel einer Uhr, besonders wenn sich ein Fressfeind in der Nähe befindet. Diese Pendelbewegung mag den Feind abschrecken.

Der Verlust der Schwanzfedern ist dementsprechend kostspielig im Leben eines Vogels. Sie sind für das Verhalten und Überleben eines Vogels essenziell. Eine Gebirgsstelze wippt auffallend häufig mit den langen Schwanzfedern. Vielleicht balanciert sie damit ihr Ungleichgewicht in einem schwierig zu begehenden Lebensraum an Gewässern und Steinen aus? Das Wippen mag auch die Wachsamkeit des Vogels an einen potenziellen Beutegreifer signalisieren.

» Die Länge der Schwanzfedern eines Vogels fasziniert mich ebenso wie ihre Form und Musterung. Ich kann eine Menge darüber lernen, wie ein Vogel manövriert, wenn ich mir diese Merkmale anschaue. Ich achte besonders auf den Schwanz eines Vogels, wenn er in Bewegung ist. Ich achte darauf, wie er den Schwanz bewegt oder dreht. Besonders bei Greifvögeln in der Luft kann man das gut beobachten. Ich habe gelernt, dass Vögel mit kurzen Schwanzfedern und längeren Flügeln schneller sind. Vögel mit langen Schwanzfedern und kurzen Flügeln sind nicht auf Geschwindigkeit im Flug ausgelegt, sondern sie nutzen ihren Schwanz, um zu manövrieren und das Gleichgewicht im Alltag zu halten. «

| *Rotmilan*

Konzentriere dich bei deinen nächsten Beobachtungen auf die Schwanzfedern der Vögel.

» Sind die Schwanzfedern lang oder kurz?

» Ist der Schwanz quadratisch, spitz, eingekerbt oder löffelartig?

» Wie hält der Vogel seine Schwanzfedern? Wie steht er mit kurzen Schwanzfedern, wie einer mit langen, und warum könnte es Unterschiede geben?

» Beobachte Vögel im Flug und achte dabei nur auf die Schwanzfedern. Beobachte, wie sich diese bewegen oder stillstehen.

» Achte auf landende Vögel: Wie benutzen sie ihre Schwanzfedern?

» Kannst du Bewegungen der Schwanzfedern beobachten, die mit einem bestimmten Verhalten einhergehen?

» Hast du schon eine Amsel ohne Schwanz gesehen und im Flug beobachtet? Vermutlich hat ein Feind versucht sie am Schwanz zu packen, und sie hat in einer sogenannten Schreckmauser die Schwanzfedern abgeworfen. So konnte sie entkommen. Die Schwanzfedern wachsen rasch nach, doch in den ersten Tagen wird sie sich nahe zur Erde aufhalten und nur kurze Flüge unternehmen.

Ein Schwanz ist speziell angepasst, um in einem bestimmten Lebensraum optimal zu funktionieren. Die Schwanzfedern sind wichtig, um Veränderungen zu ermöglichen. Wenn wir genauer hinschauen und beobachten, können wir besser verstehen, wie die Natur funktioniert und wie wir in der Natur funktionieren.

**Das Leben ist ein Gleichgewicht
zwischen Festhalten und Loslassen.**

~ Rumi

Auf beiden Beinen im Leben

Ein altes Sprichwort besagt: „Beurteile ein Buch nie nach seinem Einband". Auch Menschen soll man nicht nach ihrem Äußeren bewerten. Aber kann man einen Vogel anhand seiner Füße bestimmen? Ausgestattet mit zahlreichen Anpassungen, sind die Füße eines Vogels mehr als nur nützliche Anhängsel. Sie sagen sehr viel über seine Lebensweise aus.

Da Vögel auf ihre Umwelt spezialisiert sind, unterscheiden sich die Füße sehr von einer Art zur anderen. Ob mit Schuppen, Schwimmhäuten oder Krallen besetzt, die Füße eines Vogels sind wichtige Werkzeuge, um das Leben zu meistern. Speziell geformte Zehen eignen sich zum Überqueren von Vegetation am Wasser, andere Formen, um auf Bäume zu klettern, wiederum andere, um sich im Wasser fortzubewegen und manchmal auch Beute zu ergreifen. Größe und Form der Füße sorgen dafür, dass ein Vogel überlebt, sie bieten Schutz, Fortbewegung und im Falle des Greifvogels, die Kraft, Beute zu fassen.

Wenn wir genau hinschauen, können wir viel über einen Vogel erfahren, indem wir darauf achten, wie seine Füße geformt sind und wie er sie benutzt. Ein Teichhuhn kann mit seinen langen Zehen sehr behände und sicher über Wasserpflanzen laufen und auch durchs Astwerk klettern.

» Vögel stehen fest mit beiden Beinen im Leben. Doch das ist nicht immer so. Oft schon habe ich Vögel auf einem Bein beobachtet. Besonders im Winter, wenn ich Möwen in der Nähe eines zugefrorenen Sees stehen sehe, haben sie scheinbar nur ein Bein. Das andere ist ins schützende Federkleid eingezogen und wird dort warmgehalten. Ich frage mich, wie sie ihre Balance halten. Oft stehen sie im Wintersturm, mit dem Rücken gegen den Wind, der ihre Federn zerzaust. Doch immer auf einem Bein. Nicht nur kleine Vögel, sondern auch große, wie Grau- und Silberreiher oder auch der Weißstorch. Der Weißstorch steht manchmal auf einem Bein, um sich kühl zu halten, wenn die Mittagssonne auf den Horst scheint. Dann beschmiert er sogar seine Beine mit flüssigem Kot, um sie vor der Sonne zu schützen. Seine Beine sind dann nicht rot wie gewöhnlich, sondern gräulich weiß. Hast du das schon mal gesehen? «

| *Teichhuhn*

Auch die Vögel im Garten haben unterschiedlich geformte Füße

» Vergleiche die Füße von mindestens zwei Vogelarten und schau, ob du Unterschiede feststellen kannst. Warum könnten sie unterschiedlich geformt sein? Welche Vorteile bieten diese Füße der Vogelart?

» Hast du bemerkt, wie die Vögel um dich herum ihre Füße nutzen?

» Hast du jemals die Füße eines Spechts beobachtet, wenn er einen Baum hochklettert?

» Welche Füße faszinieren dich am meisten?

» Wenn du ein Paar Vogelfüße haben könntest, welche würdest du wählen? Wie sehen sie aus? Beschreibe oder zeichne sie.

Geh so,
als würdest du die Erde
mit deinen Füßen küssen.

~ Thich Nhat Hanh

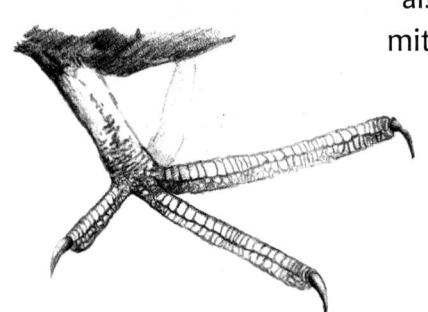

Über Wasser halten

Viele Vögel sind auf der Wasseroberfläche zu Hause. Das Leben auf dem Wasser, sei es Salz- oder Süßwasser, bietet ihnen alles, was sie zum Überleben brauchen, und sie sind perfekt daran angepasst. Die leichtgewichtige, da hohle, Knochenstruktur, die Vögeln einerseits das Fliegen ermöglicht, gibt ihnen Auftrieb im Wasser. Und das schon von jungem Alter an, wie die Küken der Tafelente belegen. Ein dichtes Federkleid verhindert, dass sie nass werden, und schließt Luft ein. Dieser Luftpolster beugt zusätzlich dem Sinken vor. Die Federn wirken wie ein wasserdichter Neoprenanzug, der gut isoliert, aber aufgrund der oft bunten Färbung auch schick aussieht. Jede Vogelart hat ihr eigenes Farbmodell, wobei sich Männchen und Weibchen häufig unterscheiden. Dabei sind die Männchen oft bunt, die Weibchen hingegen oft schlicht in Tarnfarben gekleidet, wie man bei der Stockente an jedem Parkteich nachforschen kann.

| *Tafelenten Familie*

Gründelenten ernähren sich an der Oberfläche der Gewässer, nämlich von Wasserpflanzen, Algen und wirbellosen Mückenlarven und Wasserkäfern. Beim Gründeln ragt nur das Hinterende einer Stockente aus dem Wasser, während der Vogel am Grund nach Fressbarem sucht. Um schnell vorwärtszukommen, haben Enten Schwimmhäute zwischen den Zehen, die die Antriebsfläche vergrößern und somit mehr Wasser verdrängen als nur die Zehen. So rudern sie an der Wasseroberfläche dahin.

Das Leben auf dem Wasser erfordert Ausdauer und Stärke, um zu überleben.

Wasservögel sind gebaut, um seetüchtig und widerstandsfähig zu sein, auch unter den turbulentesten Bedingungen. Sie sind die unsinkbaren Rekordhalter der Natur. Vor allem am offenen Meer gibt es oft keinen festen Untergrund, auf dem sie sich ausruhen könnten. Sie müssen entweder schwimmen oder fliegen, um über Wasser zu bleiben.

Wir alle haben Zeiten im Leben, in denen es eine Herausforderung sein kann, sich über Wasser zu halten. Um diesen Auftrieb zu finden, der uns über Wasser hält, können Vögel uns inspirieren.

» Meine Augen suchen den See ab, er scheint aufs Erste vogelleer. Kein einziger gefiederter Gefährte ist zu sehen. Doch als ich das gegenüberliegende Ufer mit dem Spektiv absuche, werde ich fündig. Ein Trupp Enten lässt sich dahintreiben, kleine braune Körper auf der Wasseroberfläche. Ihre Köpfe haben die meisten von ihnen unter ihren Flügeln am Rücken, im ersten Moment sehen sie alle grau-braun aus. Es mag wohl an der flimmernden Hitze über dem See liegen. Doch je länger ich sie betrachte, umso mehr Unterschiede fallen mir auf. Sie variieren auffallend in der Größe, es muss sich also um verschiedene Arten handeln, die gemeinsam ein Mittagsschläfchen halten. Ein Vogel hebt den Kopf, markant sticht der löffel-artig platte Schnabel hervor. Um auch die anderen näher zu sehen, muss ich wohl zu einer anderen Zeit wiederkommen, wenn die Enten aktiver sind. «

Wenn du über Auftrieb nachdenkst, stell dir vor, du würdest schwimmen.

» Wärst du lieber auf dem offenen Meer, einem Fluss oder einem kleinen Teich?

» Wenn du Enten beobachtest, sind sie besser im Wasser oder an Land angepasst?

» Macht es dir Spaß zu schwimmen?

» Welcher Wasservogel wärst du gerne und warum?

**Nichts ist weicher und flexibler als Wasser,
aber nichts kann ihm widerstehen.**

~ Lao Tzu

Auffällig lange Beine

Nicht alle Vögel am Wasser haben kurze Beine zum Rudern. Watvögel stehen auf langen und dünnen Beinen, die ihnen das behände Laufen im Schlamm oder tieferen Gewässern ermöglichen. Sie sind echte Hingucker, die Grau- oder Silberreiher und andere langbeinige Vögel am Wasserrand. Sie ziehen unsere Aufmerksamkeit auf sich, wenn sie still wie eine Statue, aufrecht und auf zwei Beinen am Ufer stehen – genau wie ein Angler. Anmutig und doch verstohlen, diese Stelz- oder Schreitvögel sind in jeder Hinsicht charismatisch. Mit Blick auf das Wasser sind Reiher in feuchten Lebensräumen rund um den Globus zu finden. Sie sind äußerst anpassungsfähig und finden ihre Nahrung selbst in den kleinsten Feuchtgebieten.

| *Silberreiher*

| Weißstörche

Viele sind Einzeljäger, schätzen aber zu anderen Zeiten, an ihren Schlaf- und Nistplätzen, die Gemeinschaft. So versammeln sich Reiher nachts, um auf Ästen in Bäumen zu ruhen. Auch zum Brüten bauen sie ihre Nester eng nebeneinander im dichten Geäst. Wo einer ist, können auch viele sein.

Ihre markanten Merkmale mögen unbeholfen wirken: große Körper auf langen, dünnen Beinen und lange, dünne Hälse, die kleine Köpfe mit langen, speziell geformten Schnäbeln tragen. Diese Vögel sind ein Beispiel für einige der besten Anpassungen in der Vogelwelt.

Diese leicht zu beobachtenden großen Vögel demonstrieren Geschicklichkeit und Perfektion beim Nahrungserwerb. Mit Geduld und Präzision fangen sie ihr nächstes Mahl zum Neid jedes guten Anglers.

Verwandtschaften unter Vögeln

Nicht alle langbeinigen Vögel sind nah miteinander verwandt. Früher wurden sie in der Gruppe der Stelz- oder Schreitvögel zusammengefasst. Doch genetische Analysen revolutionieren die Verwandtschaftsverhältnisse unter Vögeln. So offenbaren neue Methoden der DNA-Sequenzierung, dass unter den langbeinigen Vögeln Reiher, Ibisse und Löffler näher mit den Pelikanen als mit den Störchen verwandt sind. Daher werden sie gemeinsam mit den Pelikanen den *Pelecaniformes* (Ruderfüßern) zugeordnet und die Störche verbleiben als einzige Gruppe in der Ordnung der *Ciconiiformes*. Somit hat sich die ursprüngliche Gruppe der Stelz- oder Schreitvögel aufgelöst. Die Flamingos, eine andere langbeinige Vogelgruppe, bilden eine eigene Familie unter den Vögeln, die *Phoenicopteridae*. Diese Umstrukturierung zeigt, dass das äußere Erscheinungsbild oft nicht genetische Verwandtschaft widerspiegelt, sondern Anpassungen an den Lebensraum und ähnliche Lebensweise. Denn langbeinig sind sie alle.

» Mich faszinieren kleine Vögel, doch ein Silberreiher im Flug ist auch für mich ein Hingucker. Majestätisch fliegt er mit eingezogenem Hals und lang nach hinten gestreckten Beinen, er gleitet mehr, als dass er aktiv seine Flügel schlägt. Ganz ruhig, ohne ein Geräusch von sich zu geben, zieht er zum nächsten Weiher weiter. Er landet am gegenüberliegenden Ufer im Schilf und trotz seiner Größe verschwindet er im Dickicht. Gut getarnt durch seine Haltung und sein ruhiges Verhalten steht er im Wasser und wartet auf unvorsichtige Beute. Schon hat er sich meinen Blicken entzogen … «

Beobachte langbeinige Vögel

Beobachte an einer seichten Stelle an einem See, Teich oder Fluss, wie Reiher und andere langbeinige Vögel nach Fischen und Fröschen jagen. Was fällt dir auf?

» Wie kannst du die Fangtechnik beschreiben?

» Such dir einen bestimmten langbeinigen Vogel aus und beschreibe mit einem Wort, wie er Beute fängt.

» Wenn du über die Persönlichkeiten und den Beutefang dieser Vögel nachdenkst, findest du Parallelen zu deiner eigenen Nahrungsaufnahme? Ruhig, still und statuenhaft wie ein Graureiher?

Ratschlag eines Graureihers:
Wate ins Leben. Halte scharf Ausschau.
Habe keine Angst, nasse Füße zu bekommen.
Sei geduldig. Schau unter die (Wasser)oberfläche.
Fang Fische!

~ Ilan Shamir

Unter Wasser tauchen

So wie manche Vögel ihre Beute im Flug fangen, "fliegen" andere unter der Wasseroberfläche. Doch um nach Fischen unter Wasser abzutauchen, sind die Leichtbauweise der Knochen und gut eingefettete Federn, die Schwimmenten helfen über Wasser zu bleiben, hinderlich. Tauchenten haben daher spezielle Anpassungen für die Unterwasserjagd. So fehlt ihnen wie auch dem Kormoran eine Bürzeldrüse, mit der Vögel ihr Gefieder einfetten. Die Federn des Kormorans sind dadurch nicht ganz wasserdicht, sondern nehmen mit der Zeit Wasser auf und machen den Vogel schwerer. Die Federn liegen eng am Körper an, um Luft in den Zwischenräumen zu reduzieren, die das Abtauchen erschweren würde. Durch diese Anpassungen kann er rasch abtauchen und einen Fisch verfolgen, doch sobald er wieder an die Oberfläche kommt, muss er seine Federn trocknen. Daher sieht man Kormorane oft mit gespreizten Flügeln auf einem Stein oder Ast in der Sonne sitzen.

| Kormoran

Kormorane sind gesellig. In Schwärmen von bis zu tausend Vögeln suchen sie gemeinsame Schlafplätze auf. Auch die Jagd nach Fischen ist gemeinsam erfolgreicher. Dabei schwimmen sie parallel nebeneinander. Nur Kopf und Hals sind sichtbar, da sich ihr Körper knapp unter der Wasseroberfläche befindet. So treiben sie sich gegenseitig aufgescheuchte Fische zu. Ist ein Fisch in Reichweite, wird er mit dem langen Schnabel und der scharfen hakenförmig gebogenen Spitze des Oberschnabels gepackt und komplett verschlungen.

Andere Vögel betreiben ihre Jagd auf Fisch von der Luft aus. So fliegen Seeschwalben, Möwen und Fischadler über dem Gewässer. Mit ihrem scharfen Sehvermögen erspähen sie Bewegungen unter der Wasseroberfläche und tauchen im Sturzflug nach ihrer Beute.

So füllt jeder Vogel am Gewässer seine ökologische Nische, spielt also eine ganz bestimmte Rolle im Ökosystem. Der Erfolg eines jeden Vogels hängt sehr vom empfindlichen Gleichgewicht des Wassereinzugsgebietes ab. Niederschläge, die in Flüsse oder Ströme einfließen, kommen oft von weit her und können Nähr- und Schadstoffe eintragen.

» Ich beobachte einen einzelnen Haubentaucher. Mitten auf dem See schwimmt er. Ich sehe nur den schmalen Strich seines Rückens, den langen Hals und den Kopf. Das lässt seinen stromlinienförmigen Körper erahnen. Links und rechts am Kopf stehen zwei Federbüschel ab, die ihm ein beinahe majestätisches Aussehen geben. Er gleitet dahin, sieht friedlich aus. Plötzlich taucht er ab, beinahe ohne Bewegung des Wassers, mit seinem langen Hals voran gleitet er mit Anmut und Eleganz unter die Wasseroberfläche. Ich warte, kann nur erahnen, was sich unter Wasser abspielt. Da taucht er wieder auf, nur ein paar Meter entfernt von der Stelle, wo ich ihn aus den Augen verloren habe. Wassertropfen perlen auf seinem Rücken. Er schwimmt mühelos. Ich wäre gerne ein Haubentaucher. «

Beobachte Vögel an einem offenen Gewässer, einem Teich, See oder Fluss.

» Denke an die Schnäbel der Fischfresser, die du kennst. Kannst du feststellen, wie sie ihre Beute packen, indem du die Form ihres Schnabels betrachtest?

» Warst du jemals überrascht, wie groß ein Fisch war, den ein Vogel gefressen hat? Welche Anpassungen müssen sie haben, um das zu schaffen?

» Hast du schon einmal einen Vogel beobachtet, der unter Wasser taucht und wieder an die Oberfläche kommt? Warst du überrascht, wie lange er unter Wasser bleibt? Könntest du auch so lange tauchen?

» Wenn du ein Tauchvogel sein könntest, welcher wärst du? Du musst keine Art nennen, beschreibe, wie er aussehen würde, welche Anpassungen an das Unterwasserleben du gerne hättest. Vielleicht magst du ihn zeichnen.

**Wasser ist die treibende Kraft
der gesamten Natur.**
~ Leonardo da Vinci

Federn

Federn sind ein Alleinstellungsmerkmal für Vögel – so dachten wir zumindest lange Zeit. Dann entdeckten Forscher Abdrücke von Dinosauriern, die auch bereits Federn hatten. Es gibt Federn also schon viel länger, als wir denken. Alle Vögel haben Federn, aber nicht alle können fliegen. Ein Federkleid ist nicht nur notwendig, um sich in die Lüfte zu erheben, es hält auch warm oder schützt vor Überhitzung. Dinosaurier trugen ihr Federkleid vermutlich zur Wärmeregulierung. Die Federn der Vögel erfüllen aber noch viel mehr Aufgaben. Die meisten Federn sind farbig. Sie dienen einerseits zur Tarnung, lassen den Vogel perfekt an seine natürliche Umgebung angepasst erscheinen. Andererseits schmücken Federn auch Vögel und beeindrucken Partner des anderen Geschlechts. Sie helfen auch dabei Konkurrenten zu übertrumpfen, da Farben die Kraft und Stärke eines Männchens signalisieren können.

Federn kommen in verschiedenen Ausprägungen vor, von der kleinen Daunenfeder, die in großer Zahl den Körper der meisten Vögel bedeckt, zu den Schwungfedern an den Flügeln und den oft lang ausgeprägten Schwanzfedern. Deckfedern überlappen die

| *Wanderfalke*

| Waldrapp

Federn an Flügeln und Schwanz und schützen sie am Ansatzpunkt. Einige Federn haben ganz spezielle Aufgaben: Fadenfedern melden die Stellung anderer Federn und sind so beim Fliegen von Bedeutung; Borstenfedern ersetzen Augenwimpern oder sitzen an den Nasenlöchern; Tastfedern an der Schnabelbasis helfen Beute in den Schnabel zu lotsen und Puderdaunen produzieren bei Papageien und Reihern einen feinen, wasserabweisenden Staub aus Keratin, der das Bürzeldrüsenfett manch anderer Vögel ersetzt. So erfüllt jede Feder ihren eigenen Zweck und ist doch auch Teil der Gesamtheit, des Gefieders.

Die einzelne Feder ist ein zartes, dennoch robustes Kunstwerk aus Keratin. In der Summe schützen sie den Vogel und ermöglichen eine angepasste Lebensweise.

» Vielleicht hast du Glück und findest zufällig eine einzelne Vogelfeder auf dem Boden. Nimm die Chance wahr und betrachte sie aus nächster Nähe. Erkennst du raffinierte Farbnuancen oder schillernde Strukturen? Vielleicht sogar an Stellen, die man normalerweise nicht sieht, wenn die Feder noch den Vogel schmückt. Es ist wie ein Überraschungsgeschenk. Untersuche ihre Form und wie sie sich auf deiner Haut anfühlt, wenn du sie berührst. Überlege dir: Wie muss es sich anfühlen, mit einer weichen Hülle von Federn bedeckt zu sein? Wenn du eine Farbe wählen könntest, würdest du dann einen Regenbogen mit bunten Mustern tragen oder raffinierte Muster, die dich mit deiner Umgebung verschmelzen lassen? Notiere deine Gedanken. «

| *Feder eines Eichelhähers*

Denke an das Federmuster eines Vogels.

Versuche dich möglichst genau an einen Vogel zu erinnern und diesen schnell aus dem Gedächtnis zu skizzieren. Benutze keine Hilfsmittel, um deinem Gedächtnis auf die Sprünge zu helfen. Versuche den Vogel so zu skizzieren, wie er vor deinem geistigen Auge sitzt. Gestatte dir Unvollkommenheit, denn Perfektion ist nicht das oberste Ziel. Wenn du fertig bist, überprüfe anhand einer Abbildung, wie dein Gedächtnis den Vogel der gewählten Art wiedergegeben hat.

» Denk an Dinge, an die du dich erinnerst, nicht daran, was du vergessen haben könntest.

» Überlege, warum du dich genau an das erinnerst, was dir eben einfällt.

» Überlege dir, was du vergessen hast, und frage dich warum.

» Lass dich überraschen, wie wirkungsvoll diese einfache Übung ist. Sie kann dich dazu bringen, darüber nachzudenken, wie du die Welt um dich herum wahrnimmst und betrachtest und wie du zu ihr stehst.

In der Einheit liegt die Kraft.
~ Äsop

23

Eine Investition in die Zukunft

Wie alle Tiere müssen auch Vögel ihren Körper pflegen, um zu überleben. Entsprechende Ernährung und Bewegung sind der Schlüssel zum Überleben und zu einem langen Leben, ebenso wie Toleranz gegenüber Umweltfaktoren wie Witterung und Anpassung an den Lebensraum. Für Vögel ist die Pflege des Gefieders eine ganz wesentliche Voraussetzung, um sich in die Lüfte erheben zu können. Damit Federn ihre Funktionen erfüllen können und bestmöglich erhalten bleiben, benötigen sie, wie jedes wertvolle Zubehör, eine routinemäßige Wartung. Hier kommt der Akt des „Federputzens" ins Spiel.

Vögel putzen sich instinktiv. Die Oberfläche ihres Körpers ist mit Tausenden von Federn bedeckt. Jede einzelne Feder spielt eine wichtige Rolle für das Wohlergehen des Vogels; sie ist eine gemeinschaftlich schützende Bekleidung. Das Putzen kann als eine Investition in die Zukunft des Vogels betrachtet werden, denn es gewährleistet die Haltbarkeit, Sauberkeit und Stärke der Federn für das Überleben. Baden, in Wasser oder Staub, Einlassen mit Öl oder das Schütteln der Federn sind die offensichtlichsten Verhaltensweisen, die wir beobachten können.

Die meisten Vögel sind von Natur aus mit einem speziellen Öl ausgestattet, das an der Schwanzwurzel, in der Bürzeldrüse produziert wird. Man geht davon aus, dass das sogenannte Bürzelöl chemisch so aufgebaut ist, dass die Federn wasserabweisend werden. Es hat auch antibakterielle Abwehrkräfte, dient der Aufhellung des Gefieders und allgemein der Gesundheit und Sauberkeit der Federn – ähnlich wie Shampoo. Es wird sogar vermutet, dass das Öl eine persönliche Note enthält, um Partner anzulocken und möglicherweise das Revier zu verteidigen.

Studien über das Verhalten von Vögeln zeigen, dass die meisten fast ein Zehntel ihres Tages damit verbringen, sich zu putzen. Wenn wir also Vögel lange genug beobachten, können wir sehen, wie sie ihre Federn sorgfältig neu ordnen, einölen, baden oder stauben.

» Wenn ich einen Vogel bei der Gefiederpflege beobachte, freut es mich zu wissen, dass der Vogel in diesem Moment entspannt ist und mit sich selbst beschäftigt – wenn auch nur für einen Moment. Während ich zuschaue, weiß ich, dass dieser Vogel sich putzt, um für sich selbst zu sorgen. Selbsterhaltung ist wichtig. Ich frage mich: Pflegen wir uns jeden Tag, um uns im Augenblick oder in der Zukunft zu entfalten? Wenn wir uns erlauben, verletzlich zu sein und uns auf die Selbstfürsorge konzentrieren, kümmern wir uns um unseren Körper, unseren Geist und unsere Seele. Wann nimmst du dir Zeit für dich? Kannst du dir die Zeit nehmen, die du brauchst? «

| *Eisvogel*

Beobachte Vögel im Garten:

» Kannst du Vögel bei der Gefiederpflege beobachten?

» Wie lange dauert das Putzen der Federn?

» Welches Putzverhalten beobachtest du am häufigsten?

» Würdest du die Gefiederpflege als methodisch und strukturiert beschreiben? Oder erfolgt sie willkürlich und spontan?

» Wenn du einen Vogel beim Baden im Wasser beobachtest, wie verhält er sich dann? Wirkt er wachsam und achtsam, oder entspannt und sorglos?

» Kannst du einen deutlichen Unterschied im Aussehen eines Vogels feststellen, nachdem er sich geputzt hat?

» Denk an dich selbst, wie viel Zeit nimmst du dir täglich für deine eigene Selbstpflege?

**Liebe die Welt als dein Selbst;
dann kannst du dich um alle Dinge kümmern.**

~ Lao Tzu

Mauser

Vögel benutzen ihre Federn täglich. Federn bestehen, wie unsere Haare und Fingernägel, aus dem Protein Keratin, das zwar haltbar ist, sich aber auch abnutzt. Und wie jedes gut genutzte Kleidungsstück sind Federn irgendwann abgetragen. Damit ein Vogel voll funktionstüchtig bleibt, wachsen ihm neue Federn nach und verdrängen alte Federn in einem Prozess, der Mauser genannt wird.

Wenn ein Küken aus dem Ei schlüpft, wie kürzlich dieser Kiebitz (auf dieser Seite), wachsen ihm Jungfedern, die weicher, kleiner und runder sind als die der Erwachsenen. Die Federn wachsen rasch, so dass das Küken das Nest schnell verlassen kann. Eine kurze Nestzeit vermindert die Chance, dass ein Räuber das Nest mit Jungvögeln entdeckt. Wenn der Jungvogel heranwächst, braucht er stärkere Federn.

| *Kiebitz Jungvogel*

Nicht nur Jungvögel wechseln ihre Federn. Alle Vögel mausern sich jedes Jahr nach der Brutzeit, wenn ihr Leben nicht mehr so hektisch ist und noch immer reichlich Nahrung vorhanden ist. So hat ihr Körper Energie für den Aufbau und das Wachstum neuer, gesunder Federn. Manche Vögel behalten diese Federn ein Jahr lang, andere Vögel mausern sich erneut teilweise oder ganz im Frühjahr. Dies geschieht in der Regel, um ein makelloses Gefieder zu haben, wenn sie einen Partner anlocken oder sich während der Brutzeit tarnen.

Bei genauem Hinsehen kann man an der Farbe und dem Muster des Gefieders das Alter eines Vogels bestimmen. Die alten Jungvogelfedern, die abgenutzt und verblasst sind, kontrastieren mit den neuen, frisch aussehenden Federn. Zusammen bilden die beiden unterschiedlich aussehenden Federn einen interessanten Gegensatz.

Nicht jeder Vogel mausert sofort in sein endgültiges Gefieder. So braucht die große Mittelmeermöwe vier bis sechs Jahre, bis sie ausgefärbt ist. Über diesen Zeitraum legt sie mehrere verschiedene Kleider an. Kennt man die zeitliche Abfolge der verschiedenen Färbungen, weiß man das genaue Alter der Möwe. Es kann sich also lohnen und spannend sein, einer „gewöhnlichen" Vogelart größere Aufmerksamkeit zu schenken und so mehr über einzelne Individuen und ihr Alter zu erfahren.

Die Mauser ist ein lebenswichtiger Prozess und entscheidend für das Aussehen eines Vogels und seine Fähigkeit, alle Aufgaben des Lebens zu meistern.

| Amsel

» Im Winter verblassen die amerikanischen Stieglitze (American goldfinch) in meinem Garten in den gedämpften Farben der stillen Landschaften. Sie sind farbloser, aber ihr Gefieder ist immer noch erkennbar in Oliv-Gold. Jedes Jahr erkenne ich die Ankunft des Frühlings, indem ich beobachte, wie die zitronengelben Federn der Männchen in leuchtenden Flecken verteilt über den Vogelkörper erscheinen. Diese neue Frühjahrskleidung ist eine Teilmauser. Ihre Schwanz- und Flügelfedern bleiben intakt und werden erst im Herbst ersetzt. Die weißen Flügelbinden verschwinden mit der Abnutzung, bis der Flügel ganz schwarz wird. Dieser Prozess ist so vorhersehbar, dass man seinen Kalender beinahe nach dem Mausermuster eines Stieglitzes stellen kann.

Findest du unter den europäischen (Sing)vögeln eine Art, die ihre Federn teilweise im Frühjahr mausert und deren Wandel du beobachten kannst? «

| American goldfinch

Schau dir bekannte Vögel genau an.

» Beschreibe ihr Aussehen: Sehen sie matt oder hell aus? Welche Jahreszeit ist es?

» Kannst du erkennen, ob sie ihr Gefieder ein ganzes Jahr lang behalten oder im Frühjahr einige farbige Federn austauschen?

» Kannst du anhand des Gefieders erkennen, ob es sich um einen jungen oder erwachsenen Vogel handelt?

» Wenn du dich mausern könntest, wie würdest du dich verändern?

Die Mauser ist ein Prozess der Erneuerung und Veränderung. Wie die Federn können auch Erneuerung und Veränderung uns stärker machen und uns helfen in neue Aufgaben hineinzuwachsen.

Wenn wir uns auf Veränderungen einlassen, öffnen wir uns dafür, dass alles möglich ist.

~ Cleo Wade

Das Leben ist riskant – vor allem für die Kleinen

Goldhähnchen sind die kleinsten Singvögel Europas, mit einem Gewicht vergleichbar einer 20-Cent-Münze. In Deutschland können wir zwei Arten, das Winter- und das Sommergoldhähnchen, beobachten. Auf den ersten Blick kann man diese leichten Federbällchen schon mal verwechseln, auf den zweiten eigentlich nicht mehr. Das Sommergoldhähnchen hat einen dunklen Strich am Auge und einen breiten hellen Überaugenstreif. Diese fehlen dem Wintergoldhähnchen. Beide Arten sind oberseits graugrün, an der Unterseite weißlich-grünlich gefärbt.

Nur im Sommer sind Sommergoldhähnchen in Deutschland zu sehen – leicht zu merken bei dem Namen. Den Winter verbringen sie lieber in wärmeren Gefilden im südlichen Europa. Das Wintergoldhähnchen trifft man im Sommer und Winter in Nadel- und Mischwäldern Mitteleuropas an. In der kalten Jahreszeit sind sie auch häufig in offeneren Landschaften, wie Parks und Gärten, unterwegs. Dann kommen zusätzliche Wintergoldhähnchen aus nördlichen Ländern nach Mitteleuropa, da dieser hier milder als im hohen Norden ist und sie daher leichter Nahrung finden.

| *Sommergoldhähnchen*

Kleine Tiere, und das gilt für Vögel ebenfalls, haben einen hohen Stoffwechsel. Sie verbrauchen viel Energie, um ihre Körperfunktionen aufrechtzuerhalten und müssen daher ständig Nahrung aufnehmen. Tagsüber sind Goldhähnchen daher unentwegt auf der Jagd nach Krabbeltieren. Sie klettern auf kleinen Ästchen herum und picken Käfer und Spinnen von der Unterseite von Blättern und Nadeln. Sie sind auf diese eiweißreiche Nahrung angewiesen. Besonders bei kühler Umgebungstemperatur, wie im Spätherbst und an so manch bitterkaltem Wintertag, können Kälte und Nahrungsmangel diesen kleinen Akrobaten schwer zu schaffen machen und ihr Überleben im bayerischen Winter in Frage stellen.

Die Jahreszeiten beeinflussen auch uns Menschen, auch wenn es uns oft gar nicht bewusst ist. Denn wir gleichen jahreszeitliche Veränderungen mit unserem Lebensstil aus. An den kürzeren Tagen und bei kalten Temperaturen des Winters verweilen viele von uns lieber im warm geheizten Haus. Die langen, lauen Sommerabende dagegen verbringen wir gerne in der Natur, im Freien.

| *Wintergoldhähnchen*

» **SOUNDSCAPE**
Sommergoldhähnchen

 » Beim Spaziergang im Wald höre ich die hohen, zarten „sisisi"-Rufe eines Goldhähnchens. Von ganz oben aus den Spitzen der Bäume scheinen sie zu kommen. Ich bleibe stehen, höre zu, versuche sie zu lokalisieren. Die feinen Laute kommen näher, oder scheint es nur so, weil ich mich auf sie konzentriere, alle anderen Laute kurzfristig aus meiner Wahrnehmung ausgrenze? Von mehreren Seiten höre ich sie, es sind wohl zwei Vögel. Habe ich eine Chance einen flüchtigen Blick auf eines der beiden Goldhähnchen zu werfen? Ich richte meine Augen nach oben in die Kronen. Da bewegt sich etwas, oder war es doch nur der Wind in den Zweigen? Nein, da ist es wieder, ein kleiner Vogel turnt in den äußersten Astspitzen, ich sehe seinen Schwanz, dann wieder seinen Kopf. Da war doch etwas Gelbes, Orange-Farbiges, das kurz aufgeleuchtet hat. Wie war doch gleich der Unterschied zwischen den beiden verwandten Arten? War es die Färbung ihrer Kronenfedern? Auf Englisch heißen sie *firecrest* und *goldcrest*, das deutet wohl auf einen Unterschied in der Färbung des Scheitels hin. Kann ich den wohl sehen? Der kleine Vogel ist so hoch oben … Während ich noch überlege, sind die Rufe verstummt, ich habe ihn aus den Augen verloren, den kleinen Federball. Er geht wohl seinem Geschäft woanders nach. Schön, dass ich einen Augenblick lang Teil seines Alltags sein durfte. «

Stell dir vor, du bist ein Goldhähnchen,

das auf den äußersten Astspitzen nach Nahrung sucht. Schließe dazu deine Augen. Geschäftig flatterst du von einem Ast zum anderen, selten kommst du zur Ruhe.

» Wenn du doch einmal stillsitzt, möchtest du im Schatten der Blätter sitzen, um nicht aufzufallen, oder lässt du dein Gefieder von den Sonnenstrahlen wärmen?

» Ein Mensch spaziert vorbei. Bist du neugierig und fliegst näher, um ihn aus sicherer Distanz zu beäugen oder rettest du dich auf noch höhere Ästchen, um seinen Blicken zu entkommen?

» Du merkst den Wind, wie er über deinen Körper streicht, du lebst in Freiheit. Deine Flügel tragen deinen winzigen Körper überall hin und entkommen den Anstrengungen des Lebens. Wohin willst du fliegen?

» Atme tief ein und langsam aus … Lass dich durch deine Welt treiben. Lass deinen Stress und deine Ängste hinter dir. Erlaube, während du fliegst, neue Ideen und Energie in dein Leben hinein.

Die Vogelperspektive kann neue Perspektiven in unser Leben bringen, wenn wir uns für einen Moment loslösen und die Dinge wie ein Goldhähnchen sehen. Wir alle haben Flügel. Wir müssen nur zulassen, dass sie uns tragen.

Wir reisen nicht, um dem Leben zu entkommen, sondern damit das Leben uns nicht entkommt.

~ Robyn Young

26

Farben der Natur

Die Natur ist bunt. Farben und Muster gibt es in der Natur in Hülle und Fülle. Blumen, Insekten und Vögel leuchten in allen Farben des Regenbogens. Wenn wir genauer hinschauen, können wir vielleicht Dinge sehen, die uns vorher nie aufgefallen sind. Farbe in der Natur entsteht durch die Wechselwirkung von Licht und Oberfläche. Die Beschaffenheit des Vogelgefieders spielt dabei eine wichtige Rolle. Mikrostrukturen in den Federn reflektieren die auftreffenden Wellenlängen des Lichtes, gewisse Farbstoffe, Pigmente, absorbieren Licht in bestimmten Wellenlängen. Die zurückgeworfenen Lichtanteile werden als Färbung der Feder wahrgenommen.

Wie bei anderen Lebewesen hat die Färbung bei Vögeln große Bedeutung. Sie kann Tarnung oder Warnung sein, sie dient der Arterkennung, dem Nahrungserwerb oder der Kommunikation zwischen Partnern. Meistens erfüllen die Farben mehrere Aufgaben gleichzeitig.

Die meisten bunten Farben der Vögel sind in der Partnersuche oder in der Auseinandersetzung mit Rivalen ausschlaggebend. Das Blässhuhn dreht sein weißes Kopfschild gegen einen

| *Schleiereule*

vermeintlichen Angreifer und spreizt die Flügel vom Körper, um größer zu wirken. Der bunte Stieglitz, der schillernde Eisvogel, die rote Kehle oder der rote Schwanz einiger Singvögel sind Merkmale in der Partnerwahl. Sie signalisieren Stärke und oft Gesundheit des Trägers. Weibchen vergleichen und beurteilen potenzielle Partner anhand dieser Färbungen.

Neben Buntheit zum Auffallen können Farbe und Muster auch der Tarnung dienen. Vor allem außerhalb der Brutzeit ist ein buntes Gefieder oft nicht erwünscht, da es Fressfeinden auffällt und daher die Überlebenschance verringert. Dann kleiden sich auch viele männliche Vögel schlicht, nach dem Vorbild der Weibchen, die bereits während der Brutsaison gut getarnt auf einem Nest mit Eiern oder Jungen sitzen. Auch Jungvögel haben ein schlichtes erstes Federkleid, das ihr Überleben in den ersten Wochen und Monaten begünstigt.

Für manche Vögel ist ein Farbwechsel überlebenswichtig. So ist das Schneehuhn im Sommer braun wie seine Umgebung gefärbt. Im Winter jedoch wechselt es zu einem weißen Outfit, denn braunes Gefieder würde im Schnee zu sehr auffallen.

| *Schneehuhn*

» Ich beobachte Vögel gerne in den frühen Morgenstunden. Es ist meist noch still, man hört wenige menschliche Geräusche, vor allem wenn ich an einem Wochenende unterwegs bin. Die Vögel sind schon aktiv und vom Frühjahr bis in den Herbst erfreue ich mich an ihrem Gesang. Aber es ist nicht nur der Gesang, der mich zu dieser Stunde fasziniert, auch das Gefieder leuchtet ganz besonders. Das weiche Licht dieser „goldenen Stunde" kurz nach Sonnenaufgang unterstreicht Farbtöne auf eine ganz sanfte Weise. Es wirft lange Schatten. Die vielen Gelb-, Orange- und Rottöne rufen in mir Gefühle des Glücks und der Wärme hervor. Es ist interessant, wie sich ein und derselbe Vogel ändert, je nachdem ob ich ihn zu Sonnenaufgang sehe, im grellen Mittagslicht oder nach Sonnenuntergang, wenn Blautöne dominieren. Und nachts, im fahlen Licht des Mondes, sind Form und Bewegung ausschlaggebend. Es vereinfacht die Dinge, nimmt ihnen aber auch den farbenfrohen Reiz. «

| *Kraniche*

Beobachte Lebewesen, die zu jeder Farbe des Regenbogens passen:

Rot, Orange, Gelb, Grün, Blau, Indigo und Violett. Suche dir dazu einen Platz im Freien oder einen Blick aus einem Fenster. Welche Farben kannst du in den Vögeln um dich herum entdecken?

» Kannst du die Farben des Regenbogens den Vögeln in deiner Umgebung zuordnen?

» Kannst du mehrere Farben bei einem einzigen Vogel erkennen? Eine Blaumeise trägt mehr als ihre namensgebende Farbe, aber wie viele und an welchen Körperstellen?

» Gibt es Muster? Glaubst du, dass die Muster Anpassungen sind? Erhöhen sie die Überlebenswahrscheinlichkeit des Vogels und wie?

Unser Leben ist eine farbige Landschaft. Die Farben, von denen wir umgeben sind, die wir zusammenstellen und mit denen wir uns schmücken, tragen dazu bei, das Bild zu malen, in dem wir leben. Farbe ist ein ständiger Begleiter in der Natur.

In schwierigen Zeiten kann uns der Blick in die Natur Trost spenden, uns ablenken und eine Perspektive inmitten der Veränderungen der Farben unserer Landschaft des Lebens bieten. Wie sieht es heute aus, reflektierst oder absorbierst du die Farben um dich herum?

Farbe ist eine Kraft, die die Seele direkt beeinflusst.
~ Wassily Kandinsky

Reflexionen im Licht

Licht reflektiert von den Federn der Vögel. Zwei Komponenten beeinflussen dabei, welche Farben wir im Gefieder der Vögel wahrnehmen: Einerseits absorbieren Farbpigmente bestimmte Wellenlängen des Lichtspektrums, andererseits bricht sich das Licht in feinen Strukturen der Federn. Pigmente oder Farbstoffe werden während der Mauser in die neu wachsenden Federn eingelagert. Sie nehmen Licht bestimmter Wellenlänge auf, entfernen es sozusagen aus dem sichtbaren Spektrum, das zurückgespiegelt wird.

Die Farbstoffe Karotinoide und Melanine sind dabei die Hauptspieler. Erstere färben Federn gelb und rot. Sie stammen aus der Nahrung, wie zum Beispiel roten Beeren, und werden im Körper umgewandelt, bevor sie in die wachsende Feder eingelagert werden. Melanine, die zweite Gruppe der Farbstoffe, erscheinen in Brauntönen oder als Schwarz. Sie können vom Vogel selbst, mithilfe Farbstoff-bildender Zellen, hergestellt werden. Die Blautöne im Gefieder vieler Vögel entstehen hauptsächlich durch Lichtreflexionen

| *Höckerschwäne*

an winzig kleinen Nanostrukturen an den Federn.

Die Art und Weise, wie Vögel sich gegenseitig sehen, unterscheidet sich von der, wie wir sie kennen. Viele Vogelarten sehen ultraviolettes Licht – einen Teil des Lichtspektrums, den wir von Natur aus nicht wahrnehmen können. Das UV-Licht spielt mit den Federn und bestimmt, wie „UV-blau" die Vögel funkeln. Denk an das Gefieder eines Eisvogels oder die Kopfkappe einer Blaumeise. Wir können nur erahnen, wie Vögel das „Blau" der Federn sehen.

Das in den UV-Bereich hineinreichende Farbsehen der Vögel erweitert das Spektrum der Möglichkeiten. Viele Vögel, die für uns Menschen gleich aussehen, sind mit unsichtbaren Mustern ausgestattet, die nur im ultravioletten Bereich sichtbar sind. Diese auffallenden Muster nehmen feindliche Säugetiere nicht wahr und lassen den farbenfrohen Vogel daher unscheinbar wirken. Auch bei der Nahrungssuche hat die UV-Sicht der Vögel große Vorteile. Über das abgestrahlte UV-Licht von Beeren und Früchten erkennen Vögel schon von weitem, ob diese reif sind.

Wenn wir darüber nachdenken, sind Vögel vielleicht gar nicht das, was man auf den ersten Blick sieht?

Licht ist stark. Es zieht uns in seinen Bann. Durch Licht sehen wir Farben. Licht kann Emotionen hervorrufen, unsere Stimmung beeinflussen. Als tagaktive Tiere sind wir auf Sonnenlicht eingestellt, nutzen es, um uns in unserer Welt zurechtzufinden. Es bestimmt unseren Tagesrhythmus und prägt unseren Lebensstil.

» Betrachte denselben Vogel im Sonnenschein und im Schatten oder an einem bewölkten Tag. Was passiert mit seinen Farben? Kannst du feine Unterschiede erkennen? Erkennst du die Farbmuster? Versuche ihn zu zeichnen. «

Beobachte die Wechselwirkung zwischen Licht und Gefiederfärbung der Vögel.

Wie nimmst du sie wahr?

» Achte auf die Farbintensität, die durch die Sonne oder diffuses Licht verstärkt wird. Verändert dies deinen Eindruck oder deine emotionale Reaktion auf einen Vogel, den du gerade beobachtest?

» Finde einen Vogel im Schatten und beobachte, wie das Halbdunkel die Wahrnehmung verändert. Wie erscheint der Vogel jetzt? Erkennst du den Vogel noch, wenn du nur seine Silhouette im Zwielicht siehst?

» Kannst du die schillernden Federn der Vögel um dich herum erkennen? Bei welchen Vögeln weckt dieses auffällige Lichtspiel deine Aufmerksamkeit?

» Zu welcher Tageszeit beobachtest du Vögel am liebsten und denkst du, dass das Licht dabei eine Rolle spielt?

**Komm heraus ins Licht der Dinge.
Lass die Natur deine Lehrerin sein.**

~ William Wordsworth

28

Stimmungswandel in der Abenddämmerung

In der Abenddämmerung taucht das letzte Sonnenlicht die Welt in ein sanftes Farbenmeer und signalisiert das Ende des Tages. In der Tierwelt markiert der Übergang vom Tag zur Nacht einen Wechsel, die Dämmerung kündigt das Erwachen der Nachtschicht an.

In dieser Zeit der Dämmerung beginnen die Vögel sich auf ihre nächste Tätigkeit vorzubereiten. Für viele bedeutet dies, dass sie sich zur Ruhe zurückziehen. Sie suchen sich sichere Plätze in Büschen oder Bäumen, im Schilf oder auch am offenen Wasser, um die dunkle Nacht zu überdauern. Zu bestimmten Zeiten im Herbst oder Frühjahr ist das schwindende Licht für manche Vögel ein Signal, zum nächtlichen Zug aufzubrechen. Andere Vögel beginnen jetzt ihre Jagd auf Nahrung, da ihre Augen perfekt an das schwache Licht angepasst sind. Sie können auch unter Bedingungen geringer Lichtstärke gut sehen. Dämmerungsaktive Arten, wie Eulen oder Ziegenmelker, jagen Insekten, Nagetiere oder Fische im Zwielicht.

Diese Zeit des Tages hat etwas Besonderes. Zusammen mit dem sich wandelnden Licht ändern sich auch die Klänge der Natur und passen sich, so scheint es, dem Licht der Dämmerung an. Die Rufe und Gesänge von Fröschen, Insekten und nachtaktiven Vögeln erklingen in der Landschaft.

Sänger im letzten Licht, wie Ziegenmelker, Waldschnepfen, Rohrdommeln und viele Arten von Eulen, zeigen die Uhrzeit an, ohne dass man eine Uhr bei sich tragen muss.

Die Abenddämmerung ist ein guter Zeitpunkt, um den Tag abzuschließen und sich mit der Natur auf eine intensive Weise zu verbinden. Wenn wir sitzen, zuhören und den Himmel beobachten, werden wir belohnt. Wir sehen vielleicht Vögel, die über uns zu einem nächtlichen Schlafplatz fliegen. Oder wir beobachten einen vermeintlichen Tanz am Himmel, wenn die Vögel die letzten Käfer des Tages im Flug jagen.

Achte auf Flugmuster und Formen, denn wenn Farben fehlen, ist man weniger abgelenkt und nimmt auch die Schönheit einer Silhouette wahr. Wenn wir uns die Zeit nehmen, hinzuschauen und uns selbst erlauben zur Ruhe zu kommen, erwacht die Welt um uns herum.

» Im Sommer sitze ich am Abend oft auf der Terrasse und genieße nach einem heißen Tag die frische, kühle Abendluft. Dabei beobachte ich, wie sich die Welt um mich herum zur Ruhe begibt. Es wird leiser, die letzten Gesänge der Vögel verstummen, ein paar Grillen zirpen noch und im letzten Licht des Abends flattern einige kleine Vögel umher. Ihre Farben oder Muster im Gefieder kann ich nicht erkennen, aber die untergehende Sonne hebt ihre Form und Größe hervor. Ich beobachte, wie sie sich bewegen. Sie fliegen im Zickzack durch die Luft, elegant, aber uneinholbar. Ich frage mich, was sie machen. Da fällt mir auf, dass sich direkt an den äußeren Blättern des Walnussbaumes etwas bewegt. Dunkle Punkte lösen sich von der Silhouette des Baums und wagen sich in den Abend hinaus. Es sind Junikäfer, die sich tagsüber im Blattwerk versteckt haben und jetzt zu ihren Paarungsflügen aufbrechen. Vermutlich sind nicht nur sie in der Abenddämmerung unterwegs, sondern auch Tausende andere kleine Insekten. Das erklärt das Verhalten der Vögel, die wohl versuchen noch einen letzten Abend-Snack zu erwischen. «

Nimm dir Zeit, um diese besonderen Stunden im Freien zu genießen.

Die Geräusche der Dämmerung und des Einbruchs der Nacht sind in unserem Gedächtnis verankert. Das Zirpen der Grillen, der Gesang der Vögel und die weithin hörbaren Rufe der Frösche können uns in Zeit und Raum versetzen – so wie ein vertrauter Geruch eine vergangene Erinnerung weckt.

» Was sind deine Lieblingsgeräusche in der Dämmerung? Sind sie vielleicht leiser als tagsüber?

» Denke an das Verhalten eines Vogels, den du in der Dämmerung beobachtest. Kannst du erkennen, was der Vogel macht? Gibt es Verhaltensweisen, die dir besonders auffallen oder dich fesseln? Wenn du noch keine beobachtet hast, probiere eine zu finden.

» Wenn du einen Lieblingsvogel in der Dämmerung hast, welcher ist es und warum?

» **SOUNDSCAPE**
Abendgesang

> Die Natur malt uns Bilder
> unendlicher Schönheit,
> Tag für Tag, wenn wir nur Augen
> haben, sie zu sehen.
>
> ~ John Ruskin

(29) Gesetze der Anziehung

Farbige Federn fallen auf, wir halten inne und schauen hin. Besonders Farbkontraste in der Landschaft ziehen uns in ihren Bann. Dabei sticht Rot oft hervor. Der Rosaflamingo ist ein Hingucker, aber auch manche unserer heimischen Singvögel tragen rote Federn. Ein Gimpel mit seiner leuchtend rosaroten Brust fällt an der Futterstelle auf, ebenso ein Rotkehlchen mit seiner roten Kehle.

Rote Gefiederfärbung bei Vögeln wird durch Karotinoide verursacht, fettlösliche Pigmente, die die Tiere mit ihrer Nahrung aufnehmen. Verschiedenste rot-gefärbte Beeren sind reich an diesen Stoffen. Hat ein Männchen viele dieser Beerensträucher im Revier, ist es vermutlich besonders gesund. Denn Karotinoide aus der Nahrung färben nicht nur das Gefieder, sie unterstützen als Antioxidantien auch

| Gimpel

das Immunsystem. Daher wirken rote Federn anziehend auf Weibchen derselben Art. Sie paaren sich bevorzugt mit Männchen mit tiefrotem Gefieder. So haben sie einen Partner, der sich in bestem Ernährungs- und Gesundheitszustand befindet. Das mag bei der Jungenaufzucht von Vorteil sein.

Die Farbe Rot empfinden auch viele Menschen als attraktiv und kraftvoll. Wir verwenden Farben, um Emotionen auszudrücken, aber auch als Mittel der Kommunikation. Rot kann eine Warnung sein und Gefahr signalisieren, bei uns wie auch in der Natur. Aber nicht alles, was rot gefärbt ist, ist gefährlich. Für uns ist Rot auch ein Symbol für Liebe und Leben, das vor Energie strotzt.

Rote Vögel haben seit Langem Symbolcharakter für die Menschen. Manche Völker sehen rote Vögel als spirituelle Boten. In anderen Kulturen bringt die Beobachtung eines roten Vogels, der in die Sonne fliegt, Glück. Vögel mit roten Federn sind auffällig und schwer zu übersehen. Dabei sind die Vögel meist nicht komplett rot gefärbt, sondern einzelne Federpartien tragen diese Farbe. Dies fällt auf bei Rotkehlchen, Buchfink, Buntspecht, Gimpel, Bluthänfling, Hausrotschwanz, Grünspecht, um nur einige heimische Arten zu nennen. Kannst du die Liste fortführen?

» Es bewegt sich etwas im Busch, etwas Rotes blitzt auf. Ich denke, es ist ein Vogel, und überlege, welche heimischen Vögel Rot im Gefieder haben. Welche Federn waren eigentlich rot, war es die Brust oder der Schwanz? Gespannt schaue ich auf den Busch, ob sich noch einmal etwas bewegt. Da, die grünen Zweige wackeln, aber ich kann keinen Vogel erkennen. Immerhin weiß ich jetzt, wo er sich ungefähr aufhält. Ich beobachte weiter. Mir gehen unsere roten Vögel durch den Kopf: Gimpel, das Männchen mit leuchtend roter Brust und Bauch – doch die Jahreszeit passt nicht, er kommt erst im Winter an unsere Futterstelle; Bluthänfling, das Männchen hat links und rechts auf seiner Brust rote Federn – ein paar von ihnen habe ich im Frühjahr im Garten beobachtet, vielleicht sind sie ja zum Brüten geblieben? Rotkehlchen mit rostroter Kehle, deren Färbung sich auf Gesicht und Brust ausdehnt – das würde gut passen, da sich der Vogel scheinbar in Bodennähe bewegt. Oder war es vielleicht doch ein Hausrotschwanz, der ins Gebüsch gehuscht ist? Wenn ich mich recht erinnere, haben die roten Federn am Ende der Bewegung aufgeblitzt, die Färbung war vielleicht am Schwanz. Stieglitz mit seinem roten Gesicht schließe ich aus, da es glaube ich ein einzelner Vogel war und diese meist in der Gruppe vorkommen. Auch Buchfink scheint mir unwahrscheinlich. Seine Brust und Wange sind eher rotbraun. – Da fliegt ein kleiner brauner Vogel aus dem Busch hinaus und landet auf der Spitze des Apfelbaums. Sogleich stimmt er sein flötend-trillerndes Lied an – ein Bluthänfling. Ob „Frau" Bluthänfling wohl schon am Nest sitzt? «

» **SOUNDSCAPE**
Bluthänfling

Kannst du Rottöne an Vögeln in deinem Umfeld entdecken?

» Welche Federn sind rot gefärbt? Kannst du ein rotes Muster oder einen roten Fleck an einem Vogel erkennen?

» Wie viele verschiedene Vögel mit roten Federn siehst du in deiner Umgebung? Fallen dir noch andere als die oben genannten Arten auf?

» Überlege dir, wo die roten Federn am Körper eines Vogels sind. Wie könnte die Farbe Rot, wo sie sich befindet, seinen Erfolg bei der Paarung oder beim Überleben beeinflussen?

» Würdest du ein roter Vogel sein wollen?

» Hast du einen roten Lieblingsvogel?

Beobachte Vögel in deinem Garten. Vielleicht kommen sie ganz nah an eine Futterstelle vor deinem Fenster. Siehst du ein Rotkehlchen, eine Blaumeise oder einen Grünfinken? Von welchem dieser Vögel fühlst du dich angezogen? Meinst du, liegt es an seinem Verhalten, seiner Größe oder seiner Färbung? Mach dir Notizen dazu.

Die Natur ist der Schlüssel zu unserer ästhetischen, intellektuellen, kognitiven und sogar spirituellen Zufriedenheit.

~ Edward O. Wilson

Farbenfroh und stimmfreudig – der Stieglitz

Es gibt Zeiten im Leben, in denen wir bunte Abwechslung gut gebrauchen können. Stieglitze sind farbenfrohe Singvögel, die unsere Umwelt mit leuchtenden Farben bereichern. Diese winzigen Singvögel sind die akrobatischen Stars unter den Gartenvögeln. Wir hören sie oft, bevor wir sie sehen. Mit ihren für uns fröhlich klingenden „stiglit"-Rufen fliegen sie an die äußersten Stängel der Pflanzen und picken an Samen. Auch am Futterhäuschen suchen sie sich kleine Sämereien. Im Flug erkennt man sie an ihren beinahe hüpfenden, wellenförmigen Bahnen in der Luft.

Als Schwarmvögel sind sie oft auch in größeren Trupps anzutreffen, die eifrig die gesäten Blütenköpfe durchkämmen. Vor allem Disteln und deren Samen haben eine unwiderstehliche Anziehungskraft auf sie. Der lateinische Name Carduelis spielt auf diese Lieblingsnahrung (carduus, die Distel) an. Deshalb wird er oft auch Distelfink genannt. Die kleinen Samenfresser helfen bei der Verbreitung verschiedener Pflanzenarten. Mit einheimischen Blumen aus ihrem Lieblingsmenü können wir Stieglitze in den Garten locken. Diese eifrigen Sänger trällern und zwitschern immer wieder in hohen Tönen. So sorgen sie für eine fröhliche Geräuschkulisse.

Ein anderes Tier zu beobachten, wie es lebt und mit der Welt interagiert, kann von unseren Problemen oder Gedanken ablenken, zumindest für kurze Zeit. Die mentale Pause kann uns auf eine Art und Weise helfen, von der wir vielleicht gar nicht wussten, dass wir sie brauchen, bis wir sie tatsächlich erlebt haben.

» Wenn ich einen Schwarm Stieglitze im Flug beobachte, kann ich nicht umhin mich zu fragen, ob sie Spaß am Fliegen haben. Es sieht so leicht und mühelos aus, wie sie beinahe auf und ab „hüpfen". Sie sind ständig in Bewegung und ich höre das namensgebende „Stig-lit" als Kontaktruf im Flug. Dieser Ruf ertönt ebenso zum Beginn ihres perlenden Gesangs. Dann stelle ich mir vor selbst ein Stieglitz zu sein und unbeschwert durch die Luft zu fliegen. «

| Stieglitz

» SOUNDSCAPE
Stieglitz

Schau dir den Stieglitz im Detail an,

wie sieht er aus, wie verhält er sich, wo kann man ihn besonders gut beobachten? Lege Augenmerk auf seine Gestalt, sein Verhalten und sein Farbmuster:

» Wenn alle Vögel Silhouetten wären, wie würdest du den Stieglitz jemandem beschreiben, der ihn noch nie gesehen hat?

» Beobachte Interaktionen zwischen mehreren Stieglitzen. Wie verhalten sie sich zueinander, wie zu anderen Vögeln?

» Sehen alle Stieglitze gleich aus? Sind Männchen und Weibchen unterschiedlich?

» Wenn diese kleinen Vögel ein Futterhäuschen besuchen, bleiben sie dann eine Weile an einer Stelle sitzen? Oder machen sie sich mit einem Samen schnell aus dem Staub? Fressen sie in der Gruppe oder allein?

» Kannst du ihre Rufe oder Gesänge erkennen? Der Stieglitz hat einen einprägsamen Flugruf, der wie ein hohes „Stiglit" klingt. Wenn man aufmerksam ist, kann man den zwitschernden Ruf immer wieder über unseren Köpfen hören. Versuch ihn dir einzuprägen und bald wirst du Stieglitze an vielen Orten wahrnehmen.

**Dein Leben ist so bunt,
wie du dich traust es auszumalen.**

~ unbekannt

31

Farbmuster

In der Natur finden wir allerorts Muster, wiederkehrende Formen und Strukturen. Auch bei Vögeln sind sie reichlich vorhanden: wie ein Vogel aussieht, sich verhält und wie er singt. Symmetrien, Zahlenfolgen, Winkel, geometrische Formen und Rhythmen sind auffällig in unserer Umwelt und finden sich auch in der Vogelwelt.

Vögel zeigen ausgeprägte Beispiele von Farbmustern. Diese Muster sprechen uns an, springen uns förmlich ins Auge. Wir fühlen uns instinktiv von ihnen angezogen. Einige Muster sind kaum zu übersehen, andere sind verborgen und wir müssen genau hinschauen, um sie wahrzunehmen. Die meisten Muster der Vögel haben eine Aufgabe, sie dienen der Tarnung, der Anlockung, der Abwehr von Beutegreifern oder der Erkennung zwischen Arten.

Farbmuster sind auch für uns hervorragende Anhaltspunkte für die Bestimmung von Vögeln; sie können im Leben eines Vogels sehr beständig sein. In Kombination mit Größe, Form, Verhalten und Lebensraum wird so die Identifizierung von Vögeln viel einfacher. Trotz ihrer Größe können sich ein Waldkauz oder ein Uhu aufgrund ihrer Gefiedermusterung sehr gut verstecken.

| *Waldkauz*

Musterzauber am Vogelei

Vogeleier sind vielleicht die am extravagantesten gemusterten Strukturen in der Natur. Um sie im Detail zu bewundern, haben Menschen früher Eier verschiedener Vogelarten gesammelt und zur Schau gestellt. Das ist heutzutage verboten, aber wir dürfen uns immer noch an Eischalen erfreuen, die wir zufällig am Boden finden. Wir können rätseln, von welchem Vogel sie stammen, wo das Nest ist und warum sie hier als Bruchstücke am Boden liegen.

Vogeleier haben eine Grundfärbung, auf der oft verschlungene Verzierungen angebracht sind. Weiße Eier sind typisch für Höhlenbrüter, sie müssen nicht getarnt sein, da die Dunkelheit der Höhle Schutz bietet. Eier in offenen Nestern sind gelblich, blau oder grünlich gefärbt. Die Musterung gibt ihnen extra Tarnung. Manche sind mit Punkten versehen, andere mit Strichen und wiederum andere mit verschlungenen Schnörkeln. Dem Design scheinen keine Grenzen gesetzt zu sein.

| *Gelege Wanderfalke*

» Einer meiner liebsten Natur-Dokumentarfilme ist die Serie „Das Leben der Vögel" von und mit dem britischen Tierfilmer und Naturforscher David Attenborough. Dieser gibt mit fantastischen Bildern untermalt von unterhaltsamem Text Einblicke in das Aussehen und Verhalten der Vögel. In der Folge zum Brutgeschäft der Vögel erklärt Attenborough, wie es zur Färbung und oft extravaganten Zeichnung mancher Vogeleier kommt. „Das sich entwickelnde Ei, der Embryo mit Dottervorrat, wird eingebettet in Eiweiß und von einer harten, kalkhaltigen Schale umschlossen. So beginnt das Ei seine Reise, den Eileiter hinunter zur Kloake. Auf dem Weg wird es von Drüsen an den Seiten des Eileiters wie mit Pinseln bemalt. Mal verweilt das Ei und wird mit Punkten und größeren Flecken verziert. Dann dreht es sich und es entstehen verzerrte Linien und Muster. Und so erreicht es schließlich reich verziert und einmalig gemustert die Kloake und kommt ans Tageslicht - der Vogel hat ein Ei gelegt". «

Achte auf die Farbmuster der Vögel im Garten.

» Welche Muster fallen dir auf?

» Haben diese Muster einen hohen Kontrast hell zu dunkel?

» Sind sie die ganze Zeit über auffällig oder nur, wenn der Vogel fliegt?

» An welchem Körperteil des Vogels (Gesicht, Flügel, Schwanz usw.) lässt sich ein Farbmuster deiner Meinung nach am leichtesten erkennen?

» Unterscheidet das Muster diese Art von anderen Vögeln in der Umgebung?

Konzentriere dich auf die auffälligsten Muster des Vogels, die du sehen kannst. Versuche herauszufinden, warum diese Muster ein Vorteil oder ein Nachteil für den Vogel sind.

Es gibt keinen besseren Designer als die Natur.
~ Alexander McQueen

Tarnung

Für viele Tiere ist Tarnung unverzichtbar zum Leben und Überleben. Sie ist sowohl die List, die der Jäger anwendet, um an seine Beute zu kommen, als auch die Unsichtbarkeit, die dem Gejagten dient, um dem Jäger zu entkommen. Wir müssen nicht weit in die Natur schauen, um herauszufinden, wo ein Tier diese Tarnung zum eigenen Überlebensvorteil nutzt.

Vögel sind Meister in der Kunst des Verbergens. Ihr gefärbtes Federkleid gibt eine gute Möglichkeit zur Tarnung. Da Federn nicht über viele Jahre beständig sind, sondern regelmäßig durch Mauser erneuert werden, ergeben sich einzigartige Chancen zur Abstimmung mit der Umwelt. Das Gefieder kann saisonal dem Lebensraum angepasst werden. Die gedämpften Winterfarben des Buchfinks sind keine Modeerscheinung im Einklang mit den düsteren Tönen des Winters, sondern wirksam, um Beutegreifern zu entkommen. Dies ist besonders wichtig zu einer Zeit, in der es schwierig ist, sich in den kahlen Bäumen oder Büschen zu verstecken.

Manche Vögel wie die Rohrdommel können sich an ihre Beute heranpirschen, weil ihre Farbmuster sich in ihren Lebensraum geprägt von hohem, langem Schilf einfügen. Diese Meister der Tarnung nutzen auch ihre Körperhaltung – sie richten ihre Schnäbel in den Himmel und wiegen ihre Körper hin und her, als ob sie sich wie Schilfhalme im Wind bewegen würden – ein anmutiger Tanz der Täuschung.

| *Rohrdommel*

Ein Baumläufer ist ein kryptischer Zauberer, dessen Körper mit der Musterung der Baumrinde verschmilzt. Nur bei genauer Beobachtung wird er entdeckt oder wenn Bewegung seine Anwesenheit verrät. Läuft er vielleicht auch in deinem Garten bisher unentdeckt den Baum hinauf? Man sieht ihn oft erst, wenn er auffliegt.

Eulen und Nachtschwalben, wie der Ziegenmelker, und andere Vögel, die vor allem im Dunkeln aktiv sind, sind so gemustert, dass sie tagsüber in ihrem Lebensraum nicht zu sehen sind. Sie sind gut getarnt, damit sie untertags nicht gestört werden und vor ihrer Beute verborgen bleiben.

Beispiele für Tarnung können offensichtlich sein oder aber auch schwer zu erkennen. Alle sind sie Vorteile für die alltägliche Kunst des Überlebens.

| *Gartenbaumläufer*

» Die Suche nach „Schätzen" am Sandstrand ist für mich ein liebgewonnener Zeitvertreib. Als ich so am Strand entlangging, nahm mein Auge eine Bewegung vor mir wahr. Ich erwartete eine Krabbe, doch stattdessen fiel mein Blick auf einen Sanderling. Dieser blasse, winzige Küstenvogel, der sich perfekt in den Sand einfügte, schien im Sand zu verschwinden. Immer wieder lief er los, hielt an und jagte in den Dünen. Helle Federn geben ihm ein geisterhaftes Aussehen. Sie ermöglichen ihm ein Überleben am Strand, erhöhen seine Chance nicht gesehen zu werden. Für mich hatte ich einen Schatz gefunden, den ich nicht erwartet hatte – ich wurde Zeugin kostbarer Momente im Leben eines Küstenvogels. Das gibt mir Kraft. «

Wenn du die Vögel in deiner Umgebung betrachtest, entdeckst du Beispiele für Tarnmuster?

» Welcher Vogel in deiner Umgebung beherrscht die Kunst der Tarnung am besten?

» Bist du schon einmal von einem gut getarnten Vogel überrascht oder erschreckt worden? Ist er erst im letzten Moment aufgeflogen, als du an ihm vorbeigingst?

» Hast du selbst schon einmal die Kunst der Tarnung angewandt?

» Überlege dir, wo und wie du dich am besten in die Landschaft einfügen kannst, um nicht aufzufallen. Stell dich vielleicht nah an einen Baum, damit deine Gestalt nicht hervorsticht. Dies ist eine Taktik, die Vögel selbst anwenden, wenn sie unauffällig sein wollen. Manche Vögel, wie der Wendehals, können aufgrund der Tarnfärbung und ihrer Gestalt einem Ast gleichen.

> Glück ist, den Segen im Verborgenen zu sehen,
> die Schönheit unter der Tarnung und
> Liebe inmitten von Konflikten.
>
> ~ Richelle E. Goodrich

Tarnung und Täuschung – der Kuckuck

Wer kennt nicht den markanten Vogelruf im Frühling? „Im Maien heimgekommen, der Kuckuck bleibt nicht still", heißt es in einem beliebten Kinderlied. Nur das Männchen lässt den typischen, weit zu hörenden „gu-kuh"-Ruf ertönen. Dabei sitzt es meist hoch oben auf einem Baum, um ein Weibchen anzulocken und sein Revier zu markieren. Sein Körper ist gestreckt, der Schwanz leicht gefächert und die Flügel hängen leicht an der Seite herab. Wenn man aufmerksam ist, kann man den Kuckuck öfter sehen, als man denkt. Vor allem im Flug ist er gut zu beobachten. Doch aufgepasst, er ähnelt einem Turmfalken in Größe und im Flugbild.

Bekannt ist der Kuckuck vor allem wegen seiner besonderen Fortpflanzungsstrategie. Männchen und Weibchen gehen keine längere Paarbindung

| Jungkuckuck mit Teichrohrsänger

ein. Nicht einmal eine kurzfristige, da das Weibchen kein Nest baut. Es verteilt seine Eier gezielt auf die Nester anderer Vögel. Diese sogenannten Wirtsvögel sind meist viel kleiner als der Kuckuck selbst. Die Eiablage erfolgt in nur wenigen Sekunden, wobei in jedes Nest nur ein Ei gelegt wird. Ein Kuckucksweibchen kann so neun bis zwölf, manchmal bis zu zwanzig Eier in der recht kurzen Brutsaison von gerade mal sechs Wochen legen.

Das Kuckucksei ist perfekt an Farbe und Musterung der Eier des Wirtsvogels angepasst. Bloß größer ist es meist und so fliegt die Täuschung manchmal auf. Dann wird das Ei aus dem Nest entfernt. Jedes Kuckucksweibchen parasitiert nur eine Vogelart, nämlich die, in dessen Nest es selbst aufgewachsen ist. Die Färbung seiner Eier wurde nämlich von seiner Mutter vererbt und das Kuckucks-Weibchen ist somit auf eine bestimmte Wirtsvogelart geprägt, an die die Musterung des Eies angepasst ist.

Der kleine Kuckuck schlüpft meist vor seinen Nestgeschwistern. Es ist ihm angeboren, die anderen aus dem Nest zu befördern. Egal ob Ei oder Küken, der junge Kuckuck duckt sich tief unter die im Nest liegenden Eier oder Nestgeschwister, stützt sich mit den Flügeln ab, und schiebt Eier und Nestlinge mit dem Rücken über den Rand des Nestes. Schließlich hockt der Jungkuckuck allein im kleinen Nest und verfügt so über ausreichend Platz und Futter. Alles Futter, das die Zieheltern unermüdlich herbeischaffen, geht in seinen Schnabel. Vor allem Insekten wie große Schmetterlingsraupen lassen ihn rasch heranwachsen.

In Europa sind mehr als hundert Vogelarten bekannt, die dem Kuckuck als Wirt dienen. Doch nicht in allen Nestern wächst der Kuckuck auch erfolgreich heran. Häufige Wirtsvögel sind Teichrohrsänger, Wiesenpieper, Neuntöter, Hausrotschwanz, Rotkehlchen, Bachstelze und sogar der winzige Zaunkönig.

| Neuntöter

» Wenn ich einen Kuckuck rufen höre, muss ich an meine Kindheit denken. Jedes Jahr im Frühling haben wir den Kuckuck im Auwald in der Nähe meines Elternhauses gehört. Mitte Mai waren die ersten Rufe zu vernehmen, gesehen habe ich den Vogel nie. Er war der heimliche, aber doch vertraute Vogel meiner Kindheit. Als ich später begann intensiver Vögel zu beobachten, auf Exkursionen mitging und auch bei der Vogelberingung half, lernte ich bald, dass man den Kuckuck sehr wohl sehen kann. In manchen Gegenden sogar sehr häufig. Man muss zur richtigen Zeit am richtigen Ort sein und sich in Geduld üben – wie so oft bei der Vogelbeobachtung. «

» **SOUNDSCAPE**
Kuckuck

| Kuckuck

Beobachtungen eines Kuckucks

Suche dir ein Gebiet, wo du Kuckucksrufe hörst. Der Kuckuck kommt häufig in Flussniederungen mit einzelnen Sitzwarten sowie in Moor- und Heidelandschaften vor. Nimm dir Zeit und beobachte:

» Kannst du den Kuckuck entdecken?

» Wenn der Kuckuck ruft, reagieren andere Vögel auf den Ruf?

» Wie denkst du über seine Fortpflanzungsstrategie, ist sie schlau, hinterlistig oder unfair gegenüber anderen Vogelarten?

» Möchtest du ein Kuckuck sein oder ein Vogel, der von ihm parasitiert wird? Warum?

Manche Menschen übertrumpfen selbst den Kuckuck.
Sie legen ihre Eier nicht nur in die Nester fremder
Vögel, sie zwitschern auch wie diese.

~ Helmut Glatz

34

Dem Wetter ausgesetzt

Vögel haben ein schützendes Federkleid. Die Federn verhindern, dass zu viel Körperwärme an die Luft in der Umgebung abgegeben wird. Zwischen den einzelnen Federn, vor allem den dicht am Körper liegenden Daunen, sammelt sich Luft, die gut gegen Kälte isoliert. Im Sommer hält sie den Vogel aber auch kühl.

Nicht alle Vögel haben Federn, wenn sie aus dem Ei schlüpfen. Die Küken der Singvögel sind als Nesthocker nackt und blind. Ihnen fehlt das schützende Federkleid, sie besitzen nur vereinzelte Daunenfedern und sind dem Wetter ausgesetzt. Ihnen bieten die Elternvögel Schutz, indem sie die Jungen hudern, um sie warm und trocken zu halten. Wenn die Jungen größer sind, spenden die Eltern auch Schatten mit ihrem Körper oder mit gespreizten Flügeln über dem Nest.

Die Küken der Enten und Gänse schlüpfen als Nestflüchter bereits mit einem ersten Federkleid aus dem Ei. Sobald die Federn trocken sind, strot-

| *Küstenseeschwalben*

zen sie widrigen Wetterbedingungen einwandfrei. Viele Seevögel, wie eine Küstenseeschwalbe, werden zwar mit Gefieder geboren, lernen aber erst später fliegen und finden auch selbst noch keine Nahrung. Sie halten sich als „Platzhocker" in den ersten Tagen in und um das Nest herum auf und werden von den Eltern regelmäßig gefüttert und gewärmt.

Nicht nur das Gefieder hilft Vögeln dem Wetter zu trotzen, Vögel passen auch ihr Verhalten entsprechend an. Schwalben spüren Veränderungen im Luftdrucksystem. So können sie sich frühzeitig auf Nahrungsknappheit vorbereiten und Schutz suchen. Vor allem ein sicherer Rastplatz ist bei extremen Wetterbedingungen lebenswichtig. Vögel wissen von Natur aus, dass eine dichte Hecke oder ein Baum gute Verstecke bieten.

„Gruppenkuscheln"

Im Winter, wenn die Temperaturen tagelang unter dem Gefrierpunkt liegen, verbrauchen besonders die Kleinen, wie Zaunkönig und Goldhähnchen, viel Energie, um ihre Körpertemperatur aufrechtzuhalten. Sie suchen Unterschlupf in einer Baumhöhle oder in einem Nistkasten, gerne gemeinsam mit Artgenossen, um sich gegenseitig zu wärmen. So sorgen sie in der Gruppe gemeinsam für ihr Überleben.

| *Amselküken*

» Warst du schon einmal mit einem Segelboot unterwegs oder windsurfen? Eines der wichtigsten Dinge, die man zu Beginn lernt, ist, wie man erkennt, aus welcher Richtung der Wind kommt. Wirf einen Blick auf Vögel in deiner Umgebung. Fällt dir auf, dass die Vögel scheinbar immer wissen, aus welcher Himmelsrichtung der Wind weht? Genau wie Segelboote drehen sie sich mit dem Wind. Besonders bei Möwen und Vögeln am See oder am Meeresstrand fällt dieses Verhalten auf. «

Achte auf die Wetterbedingungen,

wenn du Vögel beobachtest. Ist es besonders warm oder kalt? Regnet es oder scheint die Sonne? Verhalten sich die Vögel anders als vor ein paar Tagen? Wenn du über Reaktionen der Vögel auf das Wetter nachdenkst, achte auf ihren Aktivitätslevel, ihre Körperhaltung oder ihr Verhalten:

» Sind die Vögel kurz vor einem Sturm mehr oder weniger aktiv?

» Wenn du Schwalben siehst, fliegen sie hoch oder niedrig? Warum ändern sie ihre Flughöhe?

» Stehen sie auf einem Bein?

» Nimmt die Aktivität der Vögel in deiner Umgebung vor einer kalten Nacht zu?

» Wie reagieren die Vögel auf heiße Tage? Ändert sich ihr Verhalten, wann sind sie aktiv?

» Haben sie ihren Schnabel geöffnet und hecheln sie beinahe wie ein Hund?

» Stecken sie den Kopf unter den Flügel?

» Sitzen sie in der Sonne oder im Schatten?

» Siehst du Gruppen von Vögeln, die gemeinsam Schutz oder Nahrung suchen?

» Suchen sie Schutz in einer Baumhöhle, in einem Nistkasten oder einer Nische?

Können wir in unserem eigenen Leben eine Gemeinschaft finden, um Stürmen zu trotzen? Sind wir auf Veränderungen oder Verlangsamungen in unserem eigenen Lebensrhythmus vorbereitet? Was können wir von den Vögeln lernen, wie wir unsere eigenen „Stürme" und Herausforderungen im Leben meistern?

Nach dem Regen kommt Schönwetter.
~ japanisches Sprichwort

35

Verbindung zur Welt über uns

Für die meisten Vögel ist der Luftraum eine zweite Heimat. Während wir Menschen vorwiegend fest mit beiden Beinen auf der Erde stehen, können Vögel in die blaue Weite des Himmels davonfliegen.

Wenn wir Vögel beobachten und entdecken wollen, lohnt es sich daher die Augen immer wieder gen Himmel zu richten. Besonders Greifvögel, wie Turmfalke, Mäusebussard oder Rotmilan, kann man dort gut entdecken. Lautlos sind sie unterwegs. Wenn die warmen Sonnenstrahlen die Luft nah am Boden aufheizen und die warme, leichtere Luft dadurch aufsteigt, nutzen viele Vögel die Thermik, um mit ihr in die Höhe zu steigen, ganz unbeschwert, ohne jeglichen Flügelschlag. Wenn sie in beträchtlicher Höhe dahingleiten, können sie ohne großen Aufwand von oben herab nach Beutetieren auf der Wiese oder am Feld Ausschau halten.

Der Turmfalke perfektioniert seinen Höhenflug, indem er durch schnellen

| Rotmilane

Flügelschlag, das sogenannte Rütteln, wie ein Kolibri auf der Stelle verharrt. So hat er einen ruhigen Ausblick auf den Boden unter sich. Sobald er Beute erspäht, schließt er seine Flügel und geht im Sturzflug hinunter. Blitzschnell schießt er auf sein Opfer zu. Hat dieses Glück und verschwindet rechtzeitig im Bau, breitet der Falke seine Flügel wieder aus und bleibt in der Luft stehen. Er wird es später noch einmal versuchen. Der Jäger muss sich in Geduld üben.

An einem sonnigen Nachmittag sieht man nicht nur Falken und Bussarde am Himmel kreisen, auch schwere Vögel, wie der Weißstorch oder der Kranich, nutzen die Thermik und ziehen ihre Kreise. Störche fliegen hoch über ihrem Horst. Man kann ihnen zusehen, wie sie höher und höher steigen, bis sie das Ende des Thermikschlauches erreichen und langsam in den nächsten hinabsegeln.

Wie ist es wohl ein Vogel zu sein, die Möglichkeit zu haben sich in die Lüfte zu erheben? Der Realität am Boden zu entkommen?

| *Turmfalke*

» Wenn ich in den Himmel schaue, kann ich mich in der Weite verlieren. Ich betrachte die Wolken, die vorbeiziehen. Doch tatsächlich halte ich Ausschau nach Vögeln über mir, warte darauf, dass jeden Moment einer vorbeiziehen könnte. Ich beobachte, wie sie fliegen und frage mich: Wohin fliegen sie? Wie lange sind sie schon in der Luft? Sehe ich vielleicht einen Zugvogel, der sich auf einer Non-Stopp-Reise befindet, die mehrere Tage dauern kann, bevor er wieder landet und festen Boden unter seinen Füßen spürt? Dies ist eine wundersame Leistung und ich fühle mich privilegiert, auch nur eine Sekunde seiner Reise zum nächsten Ziel zu verfolgen. «

Setze deine Gedanken frei in den Luftraum über dir.

Erlaube dir, dich von den Strukturen und Objekten um dich herum zu lösen. Als Kinder liegen wir oft im Gras und schauen in den Himmel, schauen den vorbeiziehenden Wolken nach, malen uns aus, welche Formen und Gestalten wir in ihnen entdecken können. Wann bist du das letzte Mal im Gras gelegen und hast ins Blaue geschaut?

Suche dir einen ruhigen Platz im Freien, von dem aus du stehend, sitzend oder liegend einen möglichst weiten Blick in den Himmel über dir hast.

» Beobachte den Himmel einige Minuten lang und achte dabei auf alles, was vorbeifliegt. Gibt es da oben Wolken? Beobachte, wie sie weiterziehen.

» Siehst du Vögel über dir? Wenn ja, schau dir ihre Größe und Form an. Sind sie alle gleich oder kannst du Unterschiede erkennen?

Finde die Stille und Weite im Himmel, dem offenen Raum über uns.

Der Himmel ist das tägliche Brot der Augen.

~ Ralph Waldo Emerson

Spitzenprädatoren

Räuber-Beute-Beziehungen sind ein Teil des Nahrungsnetzes. Räuber, Beutegreifer oder Prädatoren ernähren sich von anderen Lebewesen, ihrer Beute. So frisst ein Mäusebussard vornehmlich Mäuse und andere kleine Nagetiere. Er steht im Ökosystem weit oben, an der Spitze der Nahrungskette. Große Greifvögel sind die Spitzenprädatoren der Vogelwelt.

Einen Greifvogel im Flug oder bei der aktiven Verfolgung seiner Beute zu beobachten kann packend sein. Diese prächtigen Vögel sind sowohl wild als auch schön. Sie fesseln unsere Aufmerksamkeit. Wenn wir das Glück haben, einen zu beobachten, erwecken sie Ehrfurcht und Faszination.

| *Mäusebussard*

Sind wir Menschen von ihnen beeindruckt, weil sie so schnell fliegen können? Oder weil viele von ihnen ihre Augen nach vorne gerichtet haben, uns dadurch direkt anschauen wie ein Uhu? Ihre Sehfelder überlappen sich und ermöglichen ihnen, ebenso wie uns Menschen, ein binokulares Sehvermögen. Oder liegt es daran, dass wir von Natur aus wissen, dass sie in unserer Umwelt dafür sorgen, dass kein Beutetier überhandnimmt?

» **SOUNDSCAPE**
Mäusebussard

| *Mäusebussard*

» Die Beobachtung eines Bussards, der über meinem Garten kreist, erinnert mich an das Gleichgewicht der Natur. Hat er es auf das Eichhörnchen, das sich an meinen Futterstellen zu schaffen macht, abgesehen? Vielleicht richtet sich sein Blick auf das Kaninchen im Gemüsegarten meines Nachbarn. Wo ist seine Gefährtin? Wird sie dieses Jahr Nachwuchs bekommen, um die freien Reviere in der Nähe zu besetzen? Mit breiten Flügeln und aufgefächertem Schwanz kreist er, die Sonne leuchtet durch die hellbraunen Federn. Er ist eine majestätische Schönheit, die dazu beiträgt, das Leben im Gleichgewicht zu halten, während er an der Spitze der Nahrungs-Pyramide dahinsegelt. «

Wir bemerken sofort, wenn grundlegende Bestandteile des Nahrungsnetzes nicht in Harmonie sind.

Ohne Greifvögel gerät das Ökosystem, in dem auch wir auf Nahrung angewiesen sind, aus den Fugen.

» Kennst du einen Spitzenprädator unter den Vögeln in deiner Umgebung? Ist er tagsüber, in der Dämmerung oder nachts aktiv?

» Überlege dir, auf welche Weise Greifvögel in ihrem Umfeld nützlich sind.

» Wenn du keinen Greifvogel siehst, welchen hättest du gerne in deinem Umfeld und warum?

» Welcher Greifvogel wärst du selbst gerne? Beschreibe ihn, wie sieht er aus, was kann er tun? Kannst du ihn zeichnen?

Der Habicht war alles, was ich sein wollte:
allein, selbstbeherrscht, frei von Trauer und
gefühllos gegenüber den Verletzungen
des menschlichen Lebens

~ Helen Macdonald

Vogel-Athleten

Wenn du diese Zeilen liest, sind irgendwo auf der Welt Zugvögel auf dem Weg zwischen ihrem Brutgebiet und ihrem Überwinterungsgebiet. Vogelzug ist unbestreitbar eines der faszinierendsten und unglaublichsten Phänomene in der Tierwelt, die auf unserem Planeten Erde stattfinden. Wir wissen noch gar nicht so lange von den Leistungen, die manche Vögel erbringen. Erst seit wir begannen Vögel mit Metallringen an den Beinen zu markieren und sie so zu erkennbaren Individuen machten, können wir ihre Lebensgeschichte genau beobachten. Es konnte gezielt nachgewiesen werden, dass ein und derselbe Vogel eine weite Strecke zurücklegt. Durch Fortschritte in der Technik werden heute Vögel nicht nur beringt, sondern auch mit kleinen Sendern ausgestattet, die uns über Satelliten aktuelle Informationen zum Verbleib dieser Vögel liefern. So erfahren wir immer mehr Details über die Zugrouten von Weißstorch, Großem Brachvogel, Kuckuck und sogar kleinen Singvögeln.

| Pfuhlschnepfe

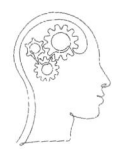

Wissenschaftler*innen haben sich in einer Initiative zusammengeschlossen, um mit Hilfe eines satellitengestützten Beobachtungssystems das Verhalten von Tieren zu erforschen. Das sogenannte Projekt ICARUS[21] (Internationale Kooperation zur Beobachtung von Tieren aus dem Weltraum) wird vom Max-Planck-Institut für Ornithologie in Radolfzell und der Russischen Akademie der Wissenschaften in Moskau geleitet. Tausende Tiere wurden weltweit bereits mit Sendern versehen. Sie schicken Daten an Forscher*innen, die mehr über das Zugverhalten und die Wanderungsbewegungen herausfinden wollen. Auch du kannst mitmachen und mittels der Animal Tracker App[22] auf deinem Smartphone deine Beobachtungen besenderter Tiere an die Wissenschaftler*innen weitergeben.

Vögel sind Superstar-Athleten, man könnte sie als Marathon-Läufer am Himmel bezeichnen. Einige legen in einem einzigen Jahr eine Strecke zurück, die in der Tierwelt ihresgleichen sucht. Die Küstenseeschwalbe ist die Weltmeisterin des Vogelzugs. Sie fliegt in zwölf Monaten mehr als 70.000 km, sie umrundet den Globus von Pol zu Pol, von Kontinent zu Kontinent. Das allein ist sehr beachtlich. Noch dazu kehrt dieselbe Seeschwalbe jedes Jahr immer wieder zu dem einem Felsen zurück, auf dem sie schon mehrmals genistet hat. Das zeigt Ausdauer und ein großartiges Orientierungsvermögen.

Mit Hilfe von GPS-Sendern konnten Forscher der Pfuhlschnepfe die Auszeichnung für den weitesten Nonstop-Flug verleihen. Eine unerschrockene Fliegerin machte keinen Zwischenstopp von Alaska bis nach Neuseeland. Das Pfuhlschnepfen-Weibchen flog 11.000 Kilometer in acht Tagen ohne Rast, Nahrung oder Wasser. Und das war kein einmaliges Ereignis. Dies ist nur ein Kapitel im Leben dieser Langstreckenfliegerin und anderer Vögel, die wie sie diese Leistung Jahr für Jahr wiederholen.

Schätzungen zufolge wandern weltweit jährlich fünf Milliarden Vögel, Vertreter von 40 % aller Vogelarten. Wenn du zur richtigen Zeit am richtigen Ort bist, kannst du einen aktiven Vogelzug beobachten. Wir können unsere Begegnungen mit Zugvögeln optimieren, indem wir die Wetterlage beobachten und die zeitliche Abstimmung des Abflugs verschiedener Arten verstehen. Zugvögel sind auf Rückenwinde angewiesen, die sie vorantreiben. Gegenwind und Stürme können die Reise erschweren, aber auch dazu beitragen, dass einzelne Vögel vom Kurs abkommen und völlig unerwartet in einem anderen Land, auf einem anderen Kontinent zu sehen sind.

Zugvögel können überall auftauchen. Wir können einen kurzen Blick auf diese gefiederten Ausnahmeerscheinungen werfen, wenn sie in unserer Umgebung Halt machen und sich Fett anfuttern, um sich für die nächste Etappe ihrer Reise zu stärken. Der Vogelzug ist zeitlich abgestimmt auf die Verfügbarkeit zuverlässiger Nahrungsquellen, um diese Athleten voranzutreiben. Zugvögel sind daher sehr anfällig auf Störungen des empfindlichen Gleichgewichts der Natur.

» Der erste Gesang eines Hausrotschwanzes im Frühling ist etwas ganz Besonderes. Es ist beinahe sechs Monate her, seit ich ihn das letzte Mal im Herbst gehört habe. Seither war dieser kleine Vogel viele hundert Kilometer südlich im Mittelmeerraum oder in Nordafrika (wo genau werde ich nie erfahren) und hat dort den Winter verbracht. Ich schau und höre dem kleinen Vogel am Dachgiebel zu, wie er sein melodisches, dann aber unverhofft kratzendes, geräuschartiges Lied vorträgt. Ich versuche mir vorzustellen, wie er am Nordrand der Sahara, in einer Gegend, die ich nicht kenne, nach Insekten suchte. Wie er im Frühjahr, sobald die Tage länger geworden sind, aufgebrochen ist, übers Meer geflogen ist und die Alpen überquert hat. Nach einigen Tagen im Flug ist er dann auf genau demselben Dachgiebel gelandet, den er im Herbst zuvor verlassen hat. Er trägt sein Lied vor, das Revier ist besetzt. «

Welche Zugvögel kennst du in deiner Umgebung?

Am besten beobachtest und notierst du, welche Vögel du im Sommer und welche du im Winter siehst. Im Frühjahr und Herbst kannst du auch Vögel am Durchzug beobachten, die am Flug in nördlichere Brutgebiete sind oder von dort zurückkommen. Vergleiche deine Beobachtungen zu verschiedenen Jahreszeiten.

» Hörst du den Ruf eines Kuckucks, den Gesang einer Mönchsgrasmücke oder siehst du einen Kernbeißer an der Futterstelle? Zu welcher Jahreszeit machst du deine Beobachtung?

» Hast du Vögel gesehen, die deinen Garten oder umliegende Lebensräume als Zwischenstopp nutzen, Futter suchen und auftanken, bevor sie weiterfliegen? Weißt du, was sie während ihres Besuchs fressen?

» Hast du einen Lieblingszugvogel, den du während eines Teils seiner Reise beobachtest? Wenn ja, warum ist er dein Favorit – wegen seines Aussehens, seiner Stimme oder seiner Ausdauer?

» Welche Fragen und Rätsel stellen sich dir zum Vogelzug? Was würdest du gerne erfahren und erforschen?

Betrachte dein eigenes Leben, bist du manchmal am „Zug" oder bist du fest verankert an deinem Wohnsitz? Bist du auf dem Weg wohin oder bereits am Ziel angekommen?

**Es ist gut, ein Ziel vor Augen zu haben,
aber am Ende zählt, wie man reist.**

~ Orna Ross

Nächtlicher Vogelzug

Der größte Teil des Vogelzugs findet in der Nacht statt. Vor allem kleine Singvögel machen sich in der Abenddämmerung auf die oft weite Reise in südlichere Winterquartiere. So können sie das Licht des Tages nutzen, um nach Nahrung zu suchen. Auch das Fliegen mag leichter vorangehen, da es nachts weniger Turbulenzen in der Luft gibt, die Kühle der Nacht beugt einer Überhitzung der hart arbeitenden Flugmuskulatur vor und oft sind in der Dunkelheit weniger Beutegreifer unterwegs. Der nächtliche Vogelzug birgt also einige Vorteile für die Kleinen. Für uns erschwert die Finsternis der Nacht allerdings die Vögel zu beobachten und die Dimension dieses nächtlichen Vogelzugs zu erfassen. Den Forscher*innen liefern Vögel, die mit Sendern ausgestattet sind, auch nachts mit Hilfe von Satelliten genaue GPS-Daten und somit exakte Informationen über den Aufenthaltsort des Vogels. Es gibt jedoch Gelegenheiten, von denen auch du ein paar ausprobieren kannst.

| *Kraniche vor Mond*

Den Forscher*innen liefern Vögel, die mit Sendern ausgestattet sind, auch nachts mit Hilfe von Satelliten genaue GPS-Daten und somit exakte Informationen über den Aufenthaltsort des Vogels.

Ohne technischen Aufwand kann jede*r den fliegenden Vögeln zuhören. Sie sind oft nicht lautlos unterwegs, sondern rufen, um mit ihren Artgenossen in Kontakt zu bleiben.

» Zugvögel zu beobachten fasziniert mich. Wenn ich einen Wiedehopf, eine Schwalbe oder eine Mönchsgrasmücke sehe, denke ich daran, dass dieser Vogel vielleicht schon in Afrika war oder bald dorthin fliegen wird. Er hat Orte gesehen, die mir völlig unbekannt sind und vermutlich unbekannt bleiben werden. Ein besonderes Erlebnis war einmal ein Schilfrohrsänger mit einem Metallring am Bein. Im Zuge der Vogelberingung konnten wir seine Nummer am Ring ablesen und herausfinden, wo und wann er beringt und gesichtet wurde. Dieser kleine Vogel hatte knapp eine Woche zuvor sein Nest in Finnland verlassen, war die über 1500 km Luftlinie nach Bayern geflogen und hatte noch weitere Tausende Kilometer vor sich bis nach Afrika. Dieses Wunder der Natur durfte ich für einen Augenblick in meinen Händen halten, bevor er weiterflog. «

In einer klaren, windstillen Nacht kannst du einen Vogelzug selbst erleben.

Du kannst hören, ob du ihre Rufe wahrnimmst, und bei Vollmond kannst du vielleicht sogar Vögel im Flug sehen.

Zugruf-Aufnahmen

Finde einen ruhigen Ort und lausche in den nächtlichen Himmel. Kannst du leise Vogelrufe vernehmen? Die einzelnen Zugrufe von Limikolen, Drosseln, Bergfinken, Piepern, Feldlerchen und vielen anderen sind sehr kurz, unterscheiden sich aber zwischen den Arten. Es kann von Vorteil sein, diese Rufe mit einem Aufnahmegerät aufzuzeichnen. Dann kannst du sie später auswerten und zuordnen.[23] So können wir einigen Vögeln auf ihrer Reise folgen.

„Moonwatching"

Ein besonders tolles Erlebnis, ganz ohne Hightech-Geräte, ist die sogenannte „Mondbeobachtung". Hierzu brauchst du eine klare Vollmondnacht, ein Fernglas oder Spektiv und Zeit.

» Finde im Frühjahr oder Herbst heraus, wann Vollmond ist.

» Wähle eine Nacht rund um den Zeitpunkt, wenn der Erdtrabant vollständig zu sehen ist, und richte dein Fernglas oder Spektiv auf die große, kreisrunde Mondscheibe.

» Mit etwas Glück und Geduld siehst du dann Vögel vor dem hellen Himmelskörper vorbeifliegen. Wenn du gleichzeitig noch nach Rufen lauschst, bekommst du einen guten Eindruck vom nächtlichen Flugverkehr.

> Der Vogelzug ist das einzige wirklich verbindende Naturphänomen der Welt, das die Kontinente zu einem nahtlosen Ganzen zusammenfügt.
> ~ Scott Weidensaul

39

Navigation

Wie schaffen es Vögel die oft weiten Strecken vom Brutgebiet zum Überwinterungsgebiet zurückzulegen? Woher wissen sie, wohin sie fliegen wollen? Bereits im ersten Herbst ihres Lebens treten sie diese Reise an. Zielgenau fliegen sie ein Winterquartier Tausende Kilometer entfernt an, obwohl ein Jungvogel keine Erfahrung oder „Karte" hat. Er findet ein Überwinterungsgebiet und kehrt im darauffolgenden Frühjahr an den Ort zurück, den er im Herbst verlassen hat.

Zum Navigieren verwenden Vögel verschiedene Anhaltspunkte. Tagsüber erkennen Stare die Himmelsrichtungen am Stand der Sonne. In der Nacht zeigen die Sterne ziehenden Singvögeln den Weg. Ringeltauben merken sich vermutlich verschiedene

| *Kuckuck*

Wegmarken, markante Berge oder Flüsse, wenn sie eine Strecke bereits einmal geflogen sind, und folgen so einer „inneren Landkarte". Diese scheint auch Gerüche in der Landschaft zu beinhalten, ein Sinn, der bisher bei Vögeln wenig erforscht wurde. Vögel nehmen im Unterschied zu uns auch das Magnetfeld der Erde wahr und können sich wie mit einem Kompass orientieren. So erkennen sie, ob sie „polwärts" oder „äquatorwärts" fliegen.

Damit nichts schiefgeht bei der Navigation, verwenden Vögel vermutlich eine Kombination mehrerer Anhaltspunkte. So sind sie mittels Sonne, Sternen und Magnetfeld wahre Meister der Orientierung.

» Dass ein einziger Vogel in einem einzigen Jahr den Globus von Pol zu Pol umrunden kann und dabei immer wieder zu demselben Felsen vor der Küste von Maine zurückkehrt, ist für mich verblüffend. Eine einzelne Küstenseeschwalbe kann 44.000 Meilen in einem Jahr fliegen; das ist unglaublich! Wie schafft sie das nur? Sie fliegt über den offenen Ozean, von Nord- nach Südamerika, bis zum südlichen Polarkreis, dann nach Afrika und nordwärts wieder bis nach Maine. Jedes Jahr im Frühjahr findet sie dieselbe Felseninsel, auf der sie in den vergangenen Jahren genistet hat. Die Fähigkeit eines Vogels, den Globus zu navigieren, ist in meinen Augen mehr als genial. Vielleicht liegt die wahre Brillanz der Vögel genau in den Dingen, die sie tun und zu denen wir nicht fähig sind. «

Hast du schon einmal Zugvögel beobachtet,

die sich auf die Reise zu Zielen machen, die Hunderte oder Tausende von Kilometern entfernt sind?

» In welche Richtung sind sie geflogen? Was meinst du, woran haben sie sich orientiert?

» Auf dem Weg zur Arbeit, zum Einkaufen oder beim nächsten Spaziergang überlege dir, woran du dich orientierst, wie du deinen Weg findest. Gibt es Unterschiede in Merkmalen, die Vögel aus der Luft verwenden würden, während du dich am Boden bewegst?

Der Zeitpunkt, eine Art zu schützen,
ist, solange sie noch häufig vorkommt.

~ Rosalie Edge

40

Räumliches Gedächtnis

Nicht nur beim Flug in ferne Länder ist eine räumliche Orientierung entscheidend, auch in der näheren Umgebung, im Brut- oder Überwinterungsgebiet, müssen sich Vögel orientieren und immer wieder dieselben Plätze auffinden. Sie kehren an eine besonders gute Futterstelle zurück, sie finden ihr Nest im hohen Gras oder einen Ast zum Schlafen im Dickicht.

Besonders wenn es um die Beschaffung von Nahrung geht, sind Vögel erfinderisch. In der Natur kommen Beeren, Nüsse und Sämereien für kurze Zeit im Überfluss vor und dann wieder lange Zeit gar nicht. Daher lagern einige Vögel, wie auch andere Tiere, Futter ein und suchen es zu späterer Zeit wieder auf. Eichelhäher, Meisen und Rabenvögel verstecken Nüsse und Sämereien an verschiedenen Orten in Baumritzen und Baumspalten. Beobachtet man Sumpfmeisen, vielerorts ein regelmäßiger Besucher an der Futterstelle im Garten, bemerkt man, dass sie mit Sonnenblumenkernen da-

| Tannenmeise

vonfliegen und schon bald wieder an das Futterhäuschen zurückkehren, um sich mehr Samen zu holen. Sie haben die Kerne wohl für Zeiten der Futterknappheit versteckt.

Wie schaffen es Vögel sich an die Orte des Verstecks zu erinnern? Wie viele Plätze können sie sich merken und für wie lange? Wie nah können verschiedene Punkte beieinanderliegen und dennoch als unterschiedlich erkannt werden? Diese Fragen beschäftigen Forscher*innen schon seit Langem. Die Größe des Hippocampus, einer Gehirnregion, die mit Gedächtnis und Lernen in Verbindung gebracht wird, ist ausschlaggebend. Eine Tannenmeise erinnert sich lange an ihre Verstecke, Monate später holt sie noch ihre Vorräte hervor. Die verwandte Kohlmeise mit einem kleineren Hippocampus tut sich dabei schwer.

Auch unser Gehirn verarbeitet räumliche Informationen und ruft sie später wieder ab. Wie bei Vögeln findet auch bei uns ein Großteil dieser Aktivität im Hippocampus statt. Wenn wir eine unbekannte Stadt aufsuchen, können wir unser räumliches Gedächtnis testen. Parke dein Fahrrad, um die Stadt zu Fuß zu erkunden. Findest du am Ende des Tages wieder zum Fahrrad zurück? Wüsstest du auch nach einer Woche noch, wo du das Fahrrad geparkt hast? Wie sieht es nach einem Monat aus?

» Vögel müssen nicht nur Nahrung finden. Ihre Nester sollen gut versteckt sein, aber doch wieder auffindbar. Egal ob ein Vogel sein Nest am Boden, im Strauch oder im Baumwipfel baut, es ist für uns Menschen oft nicht leicht zu entdecken. Selbst wenn wir ein Nest einmal gefunden haben, ist es nicht selbstverständlich, dass wir dasselbe Nest am nächsten Tag wiederfinden – der Vogel schafft es jedes Mal. «

| *Feldsperling*

Viele Vögel sind eifrige Sammler

» Kannst du Vögel beobachten, die Sämereien oder Körner sammeln und verstecken?

» Wohin fliegen Kleiber, Sumpf- oder Tannenmeise mit den Leckerbissen vom Futterhäuschen?

Der Lebensstil eines jeden Tieres
hat seine eigenen Möglichkeiten,
Anforderungen und Einschränkungen.

~ Bernd Heinrich

» **SOUNDSCAPE**
Kleiber

Die Welt kopfüber – Perspektive des Kleibers

Den Kleiber muss man einfach bewundern. In Wäldern, Parks und Gärten klettern diese munteren kleinen „Banditen" (siehst du die schwarze Maske über den Augen?) eifrig alte Bäume hoch und runter. Sie sind die wahren „tree hugger". Sie kleben förmlich an den Bäumen und laufen Stämme oft kopfüber hinab. Ihr Schwanz ist kurz, zu kurz, um sich abzustützen, wie es die Spechte können. Nur der lange Schnabel ragt aus ihrer kompakten Gestalt heraus. Mit diesem holen sie wie mit einer Pinzette Insekten unter der Rinde hervor. Mit dem Auge eines Inspektors suchen sie winzige wirbellose Tiere, die sie mit chirurgischer Präzision mit ihrem Schnabel herausziehen oder von Ästen und Blättern picken. Dies ist eine Beziehung zum gegenseitigen Nutzen: Die Insekten dienen dem Kleiber als Nahrung und der Baum wird von Blatt- und Schildläusen, Raupen und anderen Insektenlarven befreit.

Der Schnabel ist aber auch ein Werkzeug, um im Winter Nüsse zu knacken. Die Vögel stecken einen Samen oder eine Nuss fest in eine Rindenkerbe, stemmen oder hacken die Schale mit dem kräftigen Schnabel auf und gelangen so an den weichen Kern. An der Futterstelle kann man gut beobachten,

| Kleiber

wie sie so Sonnenblumenschalen knacken.

Seinen Nachwuchs zieht der Kleiber in Höhlen alter Laubbäume groß. Zum Schutz der Jungvögel verkleinert er dabei den Eingang der Bruthöhle mit Lehmkügelchen, sodass der größere Specht, ein eventueller Braträuber, nicht mehr durchpasst. Dieses Verhalten des „Kleiberns" (Klebens) hat ihm entsprechend seinen Namen gegeben. So kann er auch eine Baumhöhle mit großem Loch beziehen und zu einer sicheren Kinderstube machen. Auch der Innenraum wird passend ausgekleidet. Hierzu verwendet der Kleiber Rindenstücke von Haselnuss oder Kiefern sowie Holzspäne und Blätter. Im Winter nutzt er Baumhöhlen und Nistkästen als trockene, geschützte Schlafplätze – aber nur wenn nicht zu viele Federparasiten, wie Läuse und Milben, die gleiche Idee haben. Daher dürfen wir gerne im Herbst, nach Ende der Brutsaison, altes Nistmaterial aus Nistkästen entfernen, um die Höhlen als Winterschlafplatz sauber herzurichten.

In der kalten Jahreszeit sieht man Kleiber oft in Scharen mit Meisen, Baumläufern und manchmal auch Buchfinken. Gemeinsam suchen sie die oft spärlichen Futterquellen im Wald ab, besonders Bucheckern sind sehr beliebt. In der Gruppe halten sie auch nach Feinden Ausschau, geben Warnrufe und „mobben" einen potenziellen Angreifer. So können sie miteinander den Winter besser überleben.

Charakteristisch sind auch die lauten Pfiffe des Kleibers, denn oft hört man ihn, bevor man ihn sieht. Mit seiner Pfeifstrophe „wi, wi, wi …" markiert der Kleiber von Ende Dezember bis ins Frühjahr sein Revier.

» Im Winter ist der Kleiber ein häufiger Gast an meinem Futterhäuschen im Garten. Ich beobachte ihn, wie er Samen von der Futterstelle in die benachbarten Sträucher und Bäume trägt. Er legt sich wohl ein Vorratslager in Rindenspalten am nahen Kirschbaum an, für den Fall, dass ich doch mal vergessen sollte das Futterhäuschen aufzufüllen. Dann hat er von allen Vögeln immer noch etwas zu fressen – gegeben er findet seine Verstecke wieder. «

Der Kleiber ist ein bekannter Vogel unserer Wälder und Gärten

» Schau dir die Bäume in deiner Umgebung genauer an. Welchen Baum würdest du auf Nahrungssuche am ehesten hinablaufen, wenn du ein Kleiber wärst?

» Würdest du einen Baum wie ein Kleiber erklimmen wollen? Was würde dich mehr reizen: den Baumstamm hinunter- oder hinaufzulaufen oder kopfüber an einem Ast zu hängen?

» Reizt dich der Nervenkitzel des „Versteckspiels", Käfer und andere Krabbeltiere in den Spalten der Rinde oder an Ästen und Blättern zu finden?

» Der Kleiber hält potenzielle Baumschädlinge in Schach und bekommt dafür Nahrung. Für welche Beziehung, die für beide Seiten vorteilhaft ist, bist du in deinem Leben dankbar?

Wie Kleiber und Bäume leben auch wir in wechselseitigen Beziehungen in unserem Leben.

Bäume werden stark, indem sie langsam wachsen
und sich dem Druck der Natur beugen. Wir auch.

~ Gene Simmons

42

Verhaltensweisen

| Bartmeise

Das Verhalten von Vögeln ist faszinierend zu beobachten. Wie Menschen haben auch Vögel Persönlichkeiten und bestimmte Verhaltensweisen, die für jede Art, aber auch jedes Individuum einzigartig sind. Es ist spannend Verhaltensmuster der Vögel festzustellen und es kann uns sogar helfen, Vogelarten zu erkennen. Hast du schon einmal bemerkt, dass ein Rotkehlchen oft knickst? Es landet auf einem Zweig und verneigt sich, so macht es den Eindruck.

Vögel können ihr Verhalten oft rasch anpassen, denn es kann für sie überlebenswichtig sein. Besonders wenn es um Nahrungsbeschaffung geht, suchen sie den geringsten Aufwand. Sie sind eigentlich immer auf der Suche nach Nahrung, daher entdecken sie auch sehr schnell, wenn wir ein neues Futterhäuschen im Garten oder am Balkon aufstellen.

Auch die Partnersuche und Partnerwahl sind wichtig. Im Frühjahr kann man Vögel dabei gut beobachten: Die Männchen singen von hohen Warten aus und sind in den schönsten Gefiederfarben geschmückt. Sie verteidigen ein Revier und locken eine Partnerin an. Interessiert sich ein Weibchen für ihn, folgt er ihr auf Schritt und Tritt und lässt sie nicht aus den Augen. Gemeinsam bauen sie ein Nest und beginnen mit der Jungenaufzucht.

Bei Gefahr verhalten sich Vögel unterschiedlich. Die einen suchen sich Gleichgesinnte und greifen gemeinsam ihren Feind an, um ihn zu verjagen. Rabenvögel kann man oft dabei beobachten, wie sie einem Mäusebussard dicht nachfliegen, bis er abzieht. Bodenbrütende Watvögel täuschen eine Verletzung vor, um den Feind auf sich zu lenken und somit ihr Gelege oder ihre Jungen zu schützen. Kommt der Angreifer dann zu nahe, fliegen sie schnell davon, denn ihnen fehlt nichts. Singvögel geben Warnpfiffe, wenn sie einen Sperber ausfindig machen, und so können sich alle in Deckung bringen.

Das Verhalten der Vögel und damit das, was wir beobachten können, ändert sich übers Jahr. Vögel passen sich in der Natur den Jahreszeiten an. Im Frühjahr und Sommer sind Singvögel meist auf der Suche nach Insektennahrung. Im Winter stellen sie ihre Futterquellen um und fressen Körner. Im Frühjahr und Sommer leben viele Vogelarten in Paaren zusammen und verteidigen ein Revier. Im Winter dulden sie andere Artgenossen und Vogelarten auf engstem Raum in unseren Gärten.

» Vögel, genau wie wir, haben Persönlichkeiten. Sie zu beobachten und zu verstehen lenkt mich vom Geschehen im Alltag ab. Nichts in der Natur ist zufällig. Es ist eine Antwort auf innere, hormonelle oder äußere Reize. Versuche wie ein Vogel zu denken und es wird dir ein Lächeln ins Gesicht zaubern. «

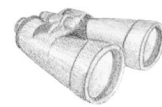

Es gibt so viele verschiedene Verhaltensweisen zu beobachten.

Hier sind nur ein paar Ideen dazu, was du beobachten kannst. Versuche möglichst alle Aspekte des Verhaltens wahrzunehmen und überlege dir, wie, wann, wo und warum sich ein Vogel so verhält, wie du es beobachtest. Am besten machst du dir Notizen, auf die du immer wieder zurückkommen kannst und die dir vielleicht erst nach jahrelangen Aufzeichnungen eine Antwort auf eine Frage geben können.

» Oft sehen wir mehr als einen Vogel, achte darauf, wie sich die Vögel zueinander verhalten – sind es Individuen derselben Art? Wenn ja, worauf deutet ihr Verhalten hin? Oder siehst du vielleicht manche Vögel selten mit anderen Vögeln ihrer Art?

» Verhaltensweisen wie das Schwärmen, wenn viele Vögel gemeinsam fliegen oder rasten, fallen uns besonders auf, aber sind alle Schwärme gleich? Verhalten sich einzelne Vögel innerhalb eines Schwarms auf eine bestimmte Weise? Stare sind bekannt für ihre Schwärme und Formationen im Flug. Sie lassen sich gut auch im Siedlungsgebiet beobachten.

» Das Fressverhalten der Vögel ist vielfältig. Kannst du Unterschiede im Verhalten der Vögel am Futterhäuschen feststellen oder auf der Suche nach Nahrung im Garten?

» Fällt dir vielleicht eine bestimmte Körperhaltung auf, wenn ein Vogel mit einem anderen zusammentrifft? Was denkst du, warum der Vogel sich so verhält? Kannst du etwas darüber lernen, was sein Verhalten bedeutet? Ist das Verhalten auffallend?

» Die Laute der Vögel sind auch Teil ihres Verhaltens. Kennst du bestimmte Rufe oder Gesänge, mit denen sie versuchen eine Partnerin anzulocken? Signalisieren sie ein Revier? Signalisieren sie Alarm?

Verhaltensbeobachtung kann viel für uns bedeuten, sie kann uns ein Gefühl der Achtsamkeit vermitteln. Wir beschäftigen uns im Detail mit einem anderen Lebewesen, nehmen dessen Ansprüche und Vorlieben wahr. Die Beschäftigung mit anderen Wesen lenkt uns von unserem eigenen Leben mit Sorgen oder Stress ab. Es kann unsere Denkmuster neu ordnen und uns helfen unsere eigenen Probleme besser zu bewältigen. In Zeiten von Stress und Angst wirkt aufmerksame Beobachtung ablenkend und beruhigend.

Probiere Vögel zu beobachten, wenn du besonders gestresst oder ängstlich bist. Schon ein paar Minuten können Entspannung bringen.

> Was lässt du hinter dir, was siehst du vor dir? ...
> Ich lasse alles hinter mir, ich sehe vor mir einen
> (Vogel)Schwarm in seinem Wolkenzauber.
> ~ Arnulf Conradi

| *Starenschwarm*

43

Fressen im Flug

Der akrobatische Lufttanz von Vögeln, die Insekten im Flug fressen, ist kurzweilig und mitreißend anzusehen. Mit ihren Zick-zack-Flügen in der Luft machen sie die Flugbahnen der für uns unsichtbaren Insekten, die sie verfolgen, sichtbar. Die rasanten Manöver und die Geschwindigkeit sind aerodynamische Meisterleistungen, die selbst die erfahrensten Jagdflieger beeindrucken dürften.

Als Superstars der Lüfte arbeiten sie unermüdlich und verzehren riesige Mengen von Insekten, die sich in der Luft über und um uns tummeln. Schwalben und Mauersegler fliegen dort, wo die Insekten sind. Manchmal so hoch, dass sie die Grenzen der Flughöhe erreichen. Fliegenschnäpper, wie ein Steinschmätzer, sitzen auf einem Zweig oder Pfosten, von dem aus sie beobachten und warten, bis die perfekte Mahlzeit vorbeifliegt. Dann stoßen sie zu, fangen das Insekt und kehren zum Ausgangspunkt zurück – ein „Hin- und Rückflug", den sie als Ansitzjäger immer wieder ausführen.

| Steinschmätzer

Der Auftrag der Natur an die Insektenfresser unter den Vögeln, zu denen Mauersegler, Schwalben und Fliegenschnäpper ebenso wie die nachtaktiven Ziegenmelker gehören, ist die Masse der Insekten auf unserem Planeten im Gleichgewicht zu halten.

Schau in den Himmel, um diese Vögel zu finden. Manchmal rufen sie im Flug und sind so leicht zu entdecken. Versuche ihnen mit deinen Augen zu folgen; kannst du erkennen, wenn sie erfolgreich sind? Ihr anmutiger Flug und ihre Beweglichkeit erwecken bei uns ein Gefühl von Freiheit. Denk dran, dass sie ihren Teil zum Wohl unserer gemeinsamen Welt beitragen. Lass dich von ihnen inspirieren, das Deine zu tun.

» Am liebsten beobachte ich Mauersegler. Ich kann es kaum erwarten, wenn die eleganten Segler gegen Ende April wieder bei uns auftauchen, den Himmel mit ihren schrillen „Srieh"-Rufen erfüllen und am Abend sogenannte „screaming parties" abhalten. Leider sind sie nur kurz bei uns, im August ziehen sie schon wieder in südlichere Gefilde, nach Afrika. Sie sind extreme Dauerflieger, waghalsige Flugakrobaten. Ihr Leben ist völlig anders als unseres, sie bewohnen eine Welt ohne festen Boden. Ihr Körper ist perfekt an dieses Leben im permanenten Flug angepasst. Mauersegler haben nur kurze Stummelfüße mit scharfen Krallen. Ihr wissenschaftlicher Name „Apus apus" bedeutet „fußlos". Ausgeprägt sind ihre langen, schnittigen Flügel, die den Mauerseglern irrwitzige Flugmanöver erlauben. Mit einer Spannweite von rund 40 cm segeln sie in rasantem Tempo nah an den Wänden unserer Häuser entlang – daher stammt auch ihr deutscher Name. Bis zu 100 km/h erreichen sie in ihren Verfolgungsjagden. Mauersegler verbringen ihr Leben im Flug, sie fressen, trinken, schlafen und pflegen ihr Gefieder in der Luft. Sie paaren sich sogar ohne Bodenkontakt. Ihr Nest bauen sie in Hohlräumen in Gebäuden. Ich bewundere ihre Leichtigkeit und Eleganz, sie scheinen in der Luft zu schweben. «

Versuche Vögel zu finden, die Insekten fressen,

und achte auf ihr Aussehen, ihren Körperbau, ihre Form und Aerodynamik, wie sie angepasst sind an das schnelle Leben in den Lüften:

» Betrachte vor allem die Flügel und den Schwanz. Was fällt dir an deren Form auf?

» Ist der Schwanz lang oder kurz?

» Ist der Schwanz gegabelt oder gekerbt?

» Hilft die Gestalt dem Vogel bei schnellen Manövern im Flug?

Kein Vogel fliegt zu hoch, wenn er mit seinen eigenen Flügeln fliegt.

~ William Blake

44

Kein Leben ohne Insekten

Insekten gab es einst in Hülle und Fülle. Man musste nicht weit vor die Haustür schauen, um sie zu finden. Sie sind vermutlich noch immer die vielfältigste Gruppe von Organismen auf unserem Planeten, doch ihre Zahl, ihre Biomasse, hat in den letzten Jahrzehnten bedrohlich abgenommen. In vielerlei Hinsicht werden sie als lästig empfunden, doch für unser Überleben und das der Tiere und Pflanzen um uns sind sie unabdingbar. Insekten und andere mehrbeinige wirbellose Tiere bieten eine lebenswichtige Nahrungsgrundlage.

Damit Insekten gedeihen können, brauchen sie eine Vielfalt an Pflanzen, die sie als Wirtspflanzen in ihren spezialisierten Lebensräumen besuchen. Die Beziehung zwischen Insekten und Pflanzen ist stark. Manchmal leben Insekten auch als Parasiten, die sich vom Blut anderer Tiere ernähren. Wir alle kennen die Stechmücke.

Der Lebenszyklus eines Vogels verläuft im Einklang mit seinen Nahrungsquellen und dabei spielen Insekten eine ganz entscheidende Rolle. Vor allem zur Aufzucht der Jungvögel sind Raupen, Blattläuse und Mücken

| *Goldammer*

unerlässlich. Wir füttern gerne Vögel in unseren Gärten, aber die Natur ist trotzdem die wichtigste Futterquelle. Bäume, Sträucher und andere Pflanzen sind reich an Insekten, von denen viele zu klein sind, als dass wir sie bemerken. Die Vögel aber finden sie und stopfen mit ihnen unermüdlich die hungrigen Schnäbel der Brut. Der hohe Proteingehalt der Krabbeltiere ist für das Überleben und Heranwachsen des Nachwuchses ausschlaggebend. Wenn du heimische Pflanzen im Garten ansäst, werden Insekten und Vögel kommen.

Einige Vögel nehmen Änderungen und vermeintliche Störung des Insektenlebens durch den Menschen sehr genau wahr. Manche profitieren von der Art und Weise, wie wir Kulturen und Landschaften bewirtschaften. Beobachte, wie Schwalben dem Mähwerk nachfliegen und tote und lebendige Insekten einsammeln. Für andere stellt der Nahrungsmangel durch das Fehlen vieler Insekten ein Problem dar.

» Wenn ich an Insekten denke, fallen mir als Erstes Stechmücken ein, ebenso Ameisen, Wespen und Bienen und auch Spinnen – Letztere eben deshalb, weil sie mit ihren acht Beinen keine Insekten sind. Zu oft laufe ich bei meinen morgendlichen Vogelbeobachtungen unachtsam in ein Spinnennetz. Ebenso Unangenehmes verbinde ich mit der Mücke, die mich nicht nur nachts sticht, sondern davor mit ihrem Summen wachhält. Eine Wespe landet auf meinem Teller beim Abendessen und Ameisen suchen sich ihren Weg genau durchs Vorzimmer. Wie lästig ist das? Doch diese schlechten Eindrücke sind vollkommen ungerechtfertigt, schaut man erst mal näher hin: Hast du schon einmal einer Spinne zugesehen, wie sie ihr Netz baut? Oder einer Hummel bei der Bestäubung einer Blume? Es sind unglaubliche Meisterleistungen und sie erfüllen essenzielle Aufgaben. Insekten sind klein, aber in der Menge haben sie enorme Auswirkungen auf unseren Planeten und seine Lebewesen. Wir sollten sie nicht unterschätzen. «

Vögel zeigen uns Veränderungen in der Umwelt.

Manche Vögel verschwinden, weil wir die ökologischen Systeme um uns herum stören und sie nicht mehr ausreichend Nahrung finden. Sie sorgen aber auch für eine lebenswerte Umwelt für uns, indem sie Insekten in Schach halten.

» Kannst du im Garten Vögel beobachten, die Insekten fressen?

» Welches Fressverhalten ist am auffälligsten: Vögel, die im Flug fressen, oder diejenigen, die von Pflanzen picken und sammeln?

» Wenn du einen Vogel mit einem Insekt im Schnabel siehst, kannst du das Insekt bestimmen?

» Hast du schon einmal Schwalben beobachtet, die bei der Mahd mitfliegen?

» Können wir ohne Insekten leben?

Wenn die gesamte Menschheit verschwinden würde, würde die Welt wieder in den Zustand des Gleichgewichts zurückkehren, der vor zehntausend Jahren bestand. Wenn die Insekten verschwinden würden, würde die Welt im Chaos versinken.

~ Edward O. Wilson

45

Nahrung für den Geist

| Waldkauz

Nahrung ist eine treibende Kraft für alle Lebewesen. Im Leben eines Vogels bestimmt die Verfügbarkeit von Nahrung, wie er einen Großteil seines Tages verbringt, wohin er fliegt, mit wem er sich austauscht und schlussendlich wie viel Zeit er mit Futtersuche verbringt. Gutes Futter ist nicht nur wichtig, um den Vogel am Leben zu erhalten, sondern auch um seine oft außergewöhnlichen Leistungen zu ermöglichen. Vögel können ohne Unterbrechung Tausende Kilometer fliegen, um ihre Winterquartiere zu erreichen. Männchen singen oft wochenlang, um eine Partnerin anzulocken. Sie verteidigen Reviere, Nest und Junge, das sind zeit- und energieverbrauchende Aktivitäten. Selbst die Gefiederfärbung einiger Vögel, die Gelb, Rot oder Orange tragen, hängt von den Nahrungsquellen ab, da die Farbstoffe über die Nahrung aufgenommen werden.

Daher ist es nicht verwunderlich, dass Vögel sehr geschickt in der Nahrungsbeschaffung sind, dass sie neue Nahrungsquellen rasch entdecken und deren Qualität und Verlässlichkeit schnell einschätzen.

Verschiedene Vogelarten brauchen unterschiedliche Nahrung: Die einen fressen Körner und Sämereien, andere Insekten, wiederum andere ernähren sich von Mäusen oder Fischen und ein paar von Nektar – diese Arten kommen allerdings selten in Europa vor. Nektarvögel leben in Afrika, Kolibris in Amerika. Die meisten Vögel verdauen den Großteil der Nahrung, die sie gefressen haben, doch manche Nahrungsreste sind einfach ungenießbar. So würgen Eulenvögel Knochen, Zähne und anderes Unverdauliches als sogenannte Gewölle oder Speiballen wieder aus.

Diese Gewölle helfen dem aufmerksamen Vogelbeobachter Schlafplätze der Eulen ausfindig zu machen. Wenn man aufmerksam den Boden unter großen, dicht-verzweigten Bäumen absucht, findet man oft walzenförmige Gebilde, die im Aussehen dem Kot von Säugetieren nicht unähnlich sind. Ein klares Indiz, dass oben im Geäst Waldohreulen sitzen und den Tag verschlafen.

Wir beobachten Vögeln gerne beim Fressen. Dabei können wir sie mit einem Futterhaus näher zu uns locken und uns an ihrem Aussehen oder Verhalten erfreuen. Doch was wissen wir eigentlich über das Fressverhalten der Vögel um uns herum? Wenn wir uns Zeit nehmen, um sie zu beobachten, bemerken wir vielleicht etwas Überraschendes und gewinnen eine neue Perspektive – auch bei Vogelarten, von denen wir schon glauben alles zu wissen.

| *Eulengewölle*

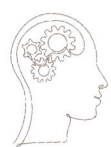

Diese Freude an der Vogelbeobachtung kann allen Menschen zuteilwerden, besonders auch Senior*innen, die vielleicht geistig oder körperlich nicht mehr so fit sind. In einem bayernweiten und von den Krankenkassen geförderten Projekt[24] stellt der LBV deshalb in vollstationären Pflegeeinrichtungen Futterstellen für Vögel auf. Diese geben den Bewohner*innen die Möglichkeit, Vögel ganz nah vor dem Fenster zu erleben.

» Es macht Freude, die Vögel am Futterhäuschen näher heranzuholen, und bietet tolle Einblicke, um die ständig wechselnden Charaktere kennenzulernen. Ich freue mich immer, wenn jemand Neuer zum Fest kommt oder sein Saison-Debüt gibt. Ich lade Vögel zu meiner Dinnerparty mit den Früchten der Natur ein, indem ich meine Gartenlandschaft im Sommer und Herbst mit Blumen gestalte, um meine gefiederten Freunde anzulocken. Das sorgt für einen gewissen Nervenkitzel, wer die Einladung annehmen wird. «

| *Grünfink*

Beobachte Vögel im Garten oder vor deinem Fenster, wenn sie fressen.

Das kann am Futterhäuschen sein, am Straßenrand, im Gras, am Fluss oder See oder wo auch immer du passenden Lebensraum findest. Stell dir folgende Fragen und schau, ob du die gefiederten Wesen besser verstehen lernst:

» Wen beobachtest du gerade? Du brauchst keinen Namen nennen – das ist für diese Übung nicht wichtig. Beschreibe die Vögel einfach, damit du dich später an sie erinnern kannst.

» Wo fressen sie?

» Was fressen sie? Kannst du das erkennen? Versuche mindestens drei verschiedene Dinge zu bestimmen, die ein Vogel frisst.

» Zu welcher Tageszeit sind sie am aktivsten bei der Nahrungsaufnahme?

» Wie fressen sie und sind sie dabei allein?

Wenn wir darüber nachdenken, wie sich Vögel ernähren, denken wir vielleicht auch über unsere eigene Ernährung nach. Frage dich, ob du das bekommst, was du brauchst, um deinen Tag zu bewältigen. Konzentriere dich nicht nur auf den Körper, sondern auch auf Geist und Seele. Kannst du die obigen Fragen auf dich selbst beziehen und etwas über dich selbst erfahren?

Aufenthalt in der Natur nährt die Seele.

~ Eckhart Tolle

46

Aasfresser –
Die Wiederansiedlung des Bartgeiers in Bayern

Wir müssen nicht weit in die Natur schauen, um einen gefiederten Verbündeten zu finden, der hilft, die Verbreitung von Krankheiten und schädlichen Bakterien einzudämmen: Geier übernehmen genau diese Aufgabe.

Diese Aasfresser kümmern sich darum, kürzlich verendete Tiere zu beseitigen, und lassen dabei oft nur die Skelettteile zurück. Und selbst diese werden von einigen Spezialisten entfernt. Weitgehend unterschätzt aufgrund ihres unheilvollen Rufs und ihrer nackten Köpfe sind Geier einige unserer effektivsten Abfallbeseitiger.

Ohne ihre einmalige Ernährungsweise würden Krankheiten und Bakterien die Oberhand gewinnen und die Gesundheit verschiedener Lebensräume, einschließlich unseres eigenen, gefährden. Angepasst mit starken Säuren in ihrem Verdauungstrakt, werden einmal gefressene Bakterien fast vollständig abgetötet. Das Fehlen von Federn am Kopf, ein Merkmal, das wir eher als unansehnlich betrachten, ist eine weitere Vorsichtsmaßnahme zur Hygiene: Es verhindert, dass sich Bakterien nach dem Fressen an schmutzigen Kadavern in den Federn festsetzen.

| Junger Bartgeier

Geier sind unentbehrliche Angehörige der Vogelwelt. Unter ihnen nimmt der Bartgeier eine besondere Stellung ein. Als einzige Geierart hat sich der Bartgeier auf die Verwertung von Knochen verendeter Tiere spezialisiert. Knochen enthalten neben Kalk viele nahrhafte Fette und Eiweiße, sind aber auch sehr hart und schwer verdaulich. Diese Ernährungsweise erfordert daher extrem saure Magensäfte, damit sich der Knochenkalk gut auflöst. Die Schnabelöffnung des Bartgeiers ist besonders groß und seine Luftröhre reicht fast bis zur Schnabelspitze, damit er Luft bekommt, wenn auch mal ein Knochen im Schlund feststeckt. Interessant ist auch, wie er große Knochen aus enormer Höhe auf harten Untergrund fallen lässt, um sie in kleinere Teile zu zersplittern.

Aufgrund ihrer vermeintlich unsauberen Lebensweise wurden Aasfresser in Deutschland lange Zeit nicht geduldet und sogar verfolgt. Jetzt erkennen wir ihre Bedeutung in der Nahrungskette und versuchen Arten wie den Bartgeier wieder bei uns anzusiedeln. Vor 140 Jahren wurde der Bartgeier in Deutschland ausgerottet. Doch seit dem Sommer 2021 gibt es wieder Jungtiere im Nationalpark Berchtesgaden dank eines Auswilderung-Programms[25] des LBV in Kooperation mit dem Nationalpark, dem Tiergarten Nürnberg und der Vulture Conservation Foundation. Jedes Jahr sollen zwei weitere junge Bartgeier in eine Nische in den Alpen ausgewildert werden, nach dem Vorbild anderer erfolgreicher Projekte in der Schweiz und in Frankreich. Das Ziel ist es die Bartgeier-Population aus den westlichen Alpen auch in die Ostalpen Bayerns zu erweitern.

Geier sind nicht nur sehr nützlich, sie sind auch hübsch anzusehen, vor allem im Flug sind sie aufgrund ihrer Flügelspannweite beeindruckend zu beobachten. Geier sind gerade wegen ihrer langen Flügel hervorragende Flieger, die Thermiksäulen und Windströmungen gekonnt ansteuern, um in der Luft zu bleiben, ohne mit den Flügeln zu schlagen. Sie sind die ultimativen Energiesparer des Fluges. Sie haben die Geheimnisse des Luftraums ergründet und sind so zu den Königen der Lüfte geworden.

» **LINK** *Bartgeier-Webcam in den Berchtesgadener Alpen*

» Nach Jahren der Vorarbeit zur Wiederansiedlung des Bartgeiers in Bayern, der Aufregung bei der ersten Auswilderung der Geier-Damen „Wally" und „Bavaria" und dem Mitfiebern bei ihren Jungfernflügen sah ich dann Wochen später unerwartet an einem Berghang beide Riesenvögel in nur 50 m Höhe über mir kreisen. Die Wucht der Flügelschläge zu hören und den ruhigen Flug der unwirklich großen Geier aus dieser Nähe zu erleben war gleichzeitig Erfüllung und innerlicher Abschluss: 140 Jahre nach ihrer Ausrottung flogen wieder Bartgeier im Nationalpark Berchtesgaden. Erst durch unsere heute völlig andere Sichtweise auf die Natur und die Tierwelt empfinden wir die Größe eines solchen Vogels nun als erhaben, beeindruckend und verstehen seine absolut harmlose Lebensweise als wichtiger Aasfresser. Auch wenn Bartgeier nie Mensch oder Tier ein Leid zugefügt haben, führten doch Mythen und Missverständnisse zu glühendem Hass, unberechtigter Furcht und schließlich der Vernichtung der gesamten Art im Alpenbogen. Die nun wieder kreisenden Geier sind also nicht nur ein Stück zurückgekehrte Wildnis, sondern auch ein Symbol für einen gesellschaftlichen Sinneswandel.

Daher kann man bei allen Naturerlebnissen einmal in sich hineinhören und versuchen zu ergründen, warum man im entsprechenden Moment das empfindet, was einen gerade bewegt. Warum löst zum Beispiel der Wolf heute noch bei manchen Menschen Panik und Hass aus wie einst der Bartgeier? Es lohnt sich, das eigene Naturbild zu hinterfragen und zu verstehen, dass das Wohlergehen der meisten Arten auch heute noch zum großen Teil von unserer Einstellung ihnen gegenüber abhängt. «

| Bartgeier

Falls du einmal das Glück hast einen Geier zu beobachten, stell dir folgende Fragen:

» Wenn du einen Geier in der Luft siehst, was fällt dir an seinem Flugbild auf?

» Wie sind die Flügel geformt und scheint das ihre Flugfähigkeit zu begünstigen?

» Spielt ihr Schwanz eine Rolle bei ihren Flugmanövern?

» Siehst du Geier allein oder in der Gruppe kreisen?

» Wenn du eine Gruppe gemeinsam aufsteigen siehst, sind andere Vögel, wie Falken, dabei?

» Zu welcher Tageszeit siehst du sie fliegen? Was meinst du, warum?

» Wenn du fliegen könntest, würdest du lieber gleiten wie ein Geier oder im Sturzflug unterwegs sein wie ein Wanderfalke?

Von den Geiern Indiens bis zu den Bienen Chinas,
die Natur liefert die ‚natürlichen Dienstleistungen',
die die Wirtschaft in Gang hält.

~ Tony Juniper

Kluge Vögel

Die Fähigkeit, Wissen zu erwerben und anzuwenden, sind zwei Merkmale von Intelligenz. Zumindest ist das unsere menschliche Interpretation. Dieses Maß auf Tiere zu übertragen ist oft schwierig. Wir müssen uns überlegen, was wichtig ist für das jeweilige Tier und wie es etwaige Probleme löst. Was ist Intelligenz bei Vögeln und sind wir in der Lage, sie zu messen oder zu verstehen?

Anzeichen von Intelligenz in der Vogelwelt

Einige Papageien verfügen über ein ausgefeiltes Vokabular und reihen sogar Wörter in Sätzen aneinander. Das ist für uns leicht begreifbare Intelligenz dieser Vögel. Elstern erkennen ihr eigenes Spiegelbild. Krähen erinnern sich an menschliche Gesichter und erkennen bestimmte Personen am

| *Rabenkrähe*

Gang. Diese Verhaltensweisen sind uns vertraut und beeindrucken uns, wenn wir sie bei Tieren feststellen. Denn wir meinen oft, dass wir darin einzigartig sind.

Viel öfter jedoch entwickeln Vögel ausgeklügelte Verhaltensweisen, um an Futter zu kommen. Dabei können sie Werkzeuge benutzen, um Probleme zu lösen. So klemmt der Buntspecht Zapfen in eine passende Rindenspalte, eine sogenannte Spechtschmiede. Die Schuppen des fixierten Zapfens kann er nun leicht zerhacken, um an die weichen Samen zu gelangen. Ebenso zertrümmern Singdrosseln Gehäuseschnecken auf flachen Steinen, auf ihrer Drosselschmiede.

Insbesondere Rabenvögel, wie Krähen und Dohlen, sind bekannt für ihre, wie es scheint, kreativen Einfälle, an das Innere von Nüssen oder Schalentieren zu gelangen. Sie lassen die Nahrung aus großer Höhe auf den Boden fallen oder platzieren sie auf einer Straße, damit Autos darüberfahren und die Schale aufbrechen. Krähen agieren hierbei selten allein, denn sie leben in einer Gruppe mit ausgefeilten sozialen Strukturen. Sie kommunizieren mit Artgenossen und tauschen Informationen aus. Das komplexe Sozialleben der Kolkraben, der größten Rabenvogelart, ist bestens erforscht. Diese Vögel haben unterschiedliche Beziehungen zu ihren Artgenossen, manche sind Freunde, andere Feinde. Sie beobachten sich gegenseitig genau, ob, wann und wo jemand Futter versteckt. Der Beobachter entscheidet dann, ob er es riskieren kann, in einem unbeobachteten Moment das Versteck zu plündern. Das nennen wir soziale Intelligenz.

Dies sind nur einige der faszinierenden Geheimnisse in der Vogelwelt. Liegt die wahre Brillanz der Vögel vielleicht in den Dingen, die sie tun und zu denen wir nicht fähig sind? Wenn wir uns die Zeit nehmen, hinzusehen, können wir überall um uns ähnliche Leistungen der Vögel entdecken. Vor allem vom Zusammenleben einer Art und den Interaktionen der Individuen untereinander können wir etwas für unsere eigenen Fähigkeiten mit anderen zu kommunizieren lernen, wie wir mit anderen Personen umgehen.

» Langsam wandere ich die schmale Straße zum Waldrand hinauf. Links und rechts liegen Schalen geknackter Walnüsse. Doch weit und breit ist kein Nussbaum zu sehen, mein Weg führt durch Wiesen und Felder. Da fliegt eine Rabenkrähe über mich, mühelos „überholt" sie mich und kurz darauf entdecke ich sie am oberen Ende der Straße am Waldrand. Lässt sie etwas auf die Straße fallen, eine Nuss? Tatsächlich, sobald die Nuss am Asphalt aufschlägt, stürzt sich die Krähe hinterher, um ihren vermeintlichen Leckerbissen einzusammeln. Die Schale muss zumindest einen Spalt aufgesprungen sein, denn die Krähe bekommt ihren Schnabel ins Innere und frisst vom weichen Kern. Ich bin längst stehen geblieben, um dieses Schauspiel nicht zu stören und aus sicherer Entfernung zuzuschauen. So kann ich auch ganz bequem vom Anstieg verschnaufen. «

Kannst du in deiner Umgebung „kluge" Vögel finden?

Gibt es vielleicht Vögel, die deiner Meinung nach für ihr Verhalten nicht genug gewürdigt werden?

» Beschreibe in Worten oder in einer Zeichnung ein in deinen Augen cleveres Verhalten eines Vogels vor deiner Haustür.

» Hast du schon einmal Vögel gesehen, die Werkzeuge benutzen? Was könnte einem Vogel als Werkzeug dienen und wozu würde er es verwenden?

Der Mensch ist großartig mit seinen eigenen Augen gesehen, aber er ist nicht viel in den Augen der Natur.

~ Kensho Furuya

48

Augen auf den Kirchturm – die Dohle

Wir benutzen unsere Augen ständig, nicht nur zum Sehen, sondern auch um mit anderen zu kommunizieren. Wenn unsere Gesprächspartnerin zur Seite blickt, folgen unsere Augen ihrem Blick meist unwillkürlich. Je nach Situation können wir mit intensiven Blicken positive oder negative Gefühle wecken, denn unsere Augen spiegeln innere Denkvorgänge wider. So können wir nur mit Blicken unsere Mitmenschen warnen. Bilder, die Augen zeigen, halten immer wieder von unsozialem Verhalten, wie Diebstahl, ab. Der Gedanke, dass uns jemand beobachtet, reicht aus, um unser Verhalten zu ändern. Als soziale Wesen beachten wir ständig, was wir im Bezug zu anderen tun.

Dohlen sind auch soziale, sehr gesellige Wesen. Sie finden sich nicht nur zum Brüten und zur Nahrungssuche mit Artgenossen zusammen, sondern

| Dohle

bilden auch im Herbst und Winter große Schwärme. Selten sieht man eine Dohle allein. Ein Paar ist sich ein Leben lang treu und häufig im Doppelpack anzutreffen. Das kann man gut beobachten, wenn die Vögel nebeneinandersitzen und ihr Gefieder putzen, manchmal auch gegenseitig. Sie schlafen und nisten in Gruppen, daher ist die Verständigung mit Artgenossen ein wesentlicher Bestandteil ihres täglichen Lebens. Das Gruppenleben fördert allerdings auch Konkurrenz.

Dohlen sind Höhlenbrüter. In der Brutzeit sind sie deshalb stark auf Altholzbestände mit Spechthöhlen, auf Felslöcher oder auf Nischen an Gebäuden angewiesen. Sie sind geschickte Kletterer und bauen auch in sehr engen Öffnungen ihre Nester. Die Turmkrähe, wie die Dohle auch genannt wird, kommt immer mehr in unseren Städten vor und findet dort geeignete Nistmöglichkeiten an Kirchtürmen. Diese Türme sind für so manches Tier, das traditionell in Bäumen oder Höhlen nistet und hoch gelegene Brutplätze sucht, begehrte Orte zum Nestbau. So sind auch Turmfalke, Wanderfalke oder Schleiereule an ihnen zu beobachten.

Neben dem glänzend schwarz-grauen Gefieder ist die helle Iris der Dohlen auffällig. Die Augen heben sich deutlich vom dunklen Gefieder ab und sind wie geschaffen zur Kommunikation. Sie werden tatsächlich als Warnsignal eingesetzt: Nisthöhlen sind meist Mangelware und müssen gegen Artgenossen verteidigt werden. Ein Blick genügt und ein potenzieller Eindringling ist gewarnt und abgeschreckt.

Dohlen sind nicht die einzigen in der Vogelwelt mit leuchtenden Augen, auch andere Vögel haben eine farbige Iris. So kann man dem nahverwandten Eichelhäher in seine bläulich grauen Augen schauen. Vor allem Greifvögel haben unwiderstehliche Augen. Sie haben nicht nur die leistungsfähigsten Augen, die die Evolution je hervorgebracht hat – sie müssen Beutetiere auf sehr große Entfernung und oft unter schwierigsten Lichtverhältnissen entdecken – sondern auch die auffälligsten: Mit ihrer gelben Iris fesseln sie uns und wirken oft unheimlich.

» Früh am Morgen hat die Bäckerei am Dorfplatz schon geöffnet und die ersten Kunden holen sich ihre Semmeln zum Frühstück. Doch noch ist nicht alles aus der Backstube in den Regalen. Brot und Gebäck wird auf kleinen Wägelchen von der Backstube quer über den Dorfplatz zum Verkauf in den Laden gefahren. Und das wissen sie genau, die kleinen Rabenvögel. Ihr Gefieder schimmert grau-schwarz in der Morgensonne, als sie die Krümel am Weg eifrig aufpicken. Es fällt immer etwas ab für hungrige Schnäbel. Wachsam schauen die Dohlen mit ihren hellblauen Augen auch auf mich. Nein, ich mache ihnen keine Krümel streitig. Ich bin am Weg, mir meine eigenen Semmeln aus der Bäckerei zu holen. – Jetzt halte ich jeden Morgen Ausschau nach den Dohlen und tatsächlich kann man nach ihnen die Uhr stellen. Pünktlich wenn die ersten Backwaren zum Verkauf gefahren werden, sind auch die gefiederten Gäste zur Stelle und holen sich ihren Teil.
Übrigens, die Dohle war der Vogel des Jahres 2012. «

Vögel ganz nah erleben

Wenn du Singvögeln einmal tief in die Augen schauen möchtest, besuche eine Station zur Vogelberingung⁹ in deiner Nähe und biete deine ehrenamtliche Mithilfe beim Vogelfang und Beringen an. So kannst du Vögel ganz nah erleben.

Augen haben eine starke Wirkung auf dein Gegenüber.

Direkter Augenkontakt kann auch für ein Tier beängstigend wirken. Wenn du ihm seitlich in die Augen schaust und dabei bewusst blinzelst, wird es eher ruhig bleiben. An der Futterstelle vor dem Fenster kommst du möglicherweise nahe genug an die Vögel heran, um ihnen in die Augen zu schauen. Ein Porträt-Foto eines Vogels kann dir bei dieser Übung weiterhelfen.

» Kannst du die Färbung der Augen eines Vogels ausmachen? Welche Farbe haben sie?

» Manches Mal ist nicht die Iris gefärbt, sondern die Haut oder die Federn rund um das Auge. Kannst du eine Art entdecken, die so gefärbte Augen hat?

» Kannst du eine Lachmöwe in deiner Umgebung beobachten? Beschreibe ihre Augen – eine Zeichnung sagt oft mehr als tausend Worte.

**Wie du sie ansiehst,
wird sie weinen oder lachen.**

~ Friedrich Rückert

| *Lachmöwe*

| *Auge eines Uhus*

49

Musik der Natur

Vogelstimmen klingen unbeschwert. Und doch steckt viel in einem Lied. Anhand des Gesangs können Artgenossen einander erkennen. Hierzu lernen Singvögel in den ersten Monaten des Lebens ihren arteigenen Gesang. Dieser Lernprozess ist ähnlich unserem Sprachenlernen. Vögel durchlaufen unterschiedliche Phasen der Entwicklung, sie beginnen mit einfachen Noten (Buchstaben), die sie zu komplexeren Phrasen (Worten) zusammenfügen, die in bestimmte Sequenzen (Sätze) gefügt werden. Sie brauchen einen erwachsenen Tutor oder Lehrer, um den arttypischen Gesang zu erlernen. Und sie müssen sich selbst beim Üben ihrer Lieder hören.

Doch nicht jeder Vogel lernt nur von seinen Artgenossen. Besonders abwechslungsreich klingen die Gesänge, wenn Laute anderer Vogelarten oder Geräusche aus der Umgebung in die Melodien eingebaut werden. Diese Nachahmung oder Mimikry können wir beim Star oder der Mönchsgrasmücke im Garten hören.

Singen alle Vögel einer Art gleich?

Nicht nur die Laute anderer Vogelarten werden in den Gesang eingebaut, es gibt auch geografische Unterschiede im Gesang über das Verbreitungsgebiet einer Art. Diese Dialekte beruhen auf Variationen im Gesang, die beim Lernen auftreten. Jungvögel kopieren und singen Phrasen und Strophen mit leichten Abweichungen. Nachfolgende Generationen in der Region übernehmen diese „Fehler" in ihr Gesangs-Repertoire. Aus diesem Grund klingt eine Goldammer aus Mecklenburg etwas anders als eine aus Ostpolen. Die Endung des Lieds macht hier den Unterschied.

Vögel am Gesang erkennen

Um feine Unterschiede, wie Mimikry oder Dialekte, im Gesang wahrzunehmen, brauchen wir ein gutes Gehör. Wir können unsere Ohren trainieren, indem wir uns intensiv mit dem Gesang einer Art beschäftigen und deren Lieder lautmalerisch beschreiben. Einfacher noch ist es für uns, wenn wir einzelne Töne des Gesangs sehen können. Mittels Software und sonographischer Analyse ist dies möglich.

| Goldammer

» **LINK**
zu den Gesängen

Kannst du die Unterschiede hören?

So klingen die Gesänge der Goldammer in verschiedenen Teilen Europas[26] in Mecklenburg-Vorpommern, in Bayern und in Polen.

Kannst du die Unterschiede sehen?

Schau dir die visuellen Darstellungen der verschiedenen Dialektstrophen im Gesang der Goldammer in den Sonagrammen an.

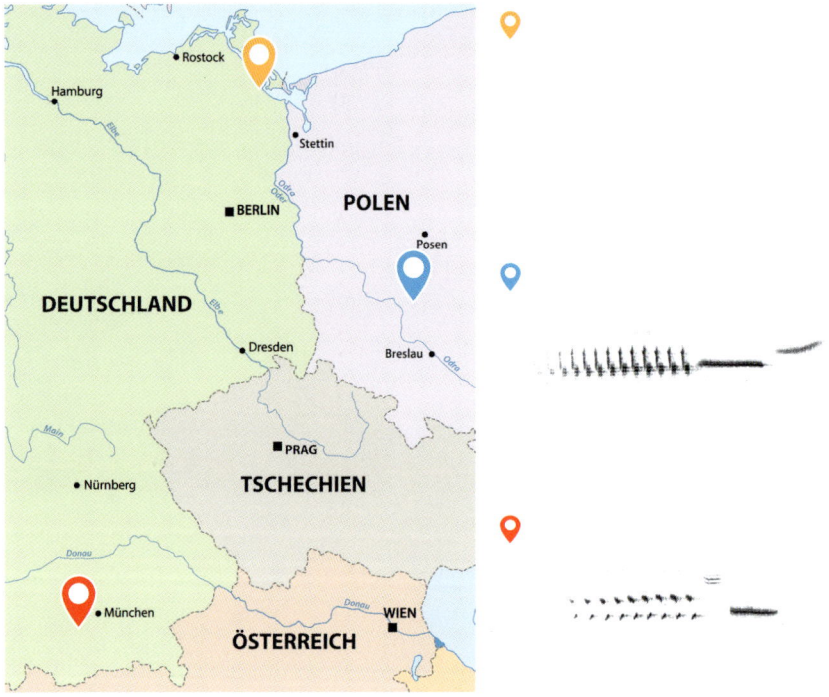

Alle Sonagramme wurden mit der kostenlosen Software Raven Lite[27] der Cornell Universität, Ithaca, USA, angefertigt.

» Wenn ich mich intensiv mit dem Gesang einer Vogelart beschäftige, hilft es mir Gesänge visuell darzustellen. Dann prägen sich die feinen Unterschiede in der Form und Dauer einzelner Noten ein und ich kann diese leichter hören. Mir hilft es, wenn ich mir Worte in einem passenden Rhythmus zum jeweiligen Gesang überlege – so singt die Goldammer, wenn man genau hinhört, „Wie wie wie hab ich dich liiieeeb". Wenn ich in der Natur unterwegs bin und einen Vogel höre, versuche ich den Gesang auf Papier zu bringen, ganz einfach mit Strichen und Punkten; wie in einem Sonagramm lässt mich die vertikale Ausrichtung an die Tonhöhe erinnern, die horizontale an die zeitliche Auflösung. Probiere es doch selbst, es muss kein Kunstwerk werden. Beginne mit einem einfachen Gesang, wie dem Lied der Kohl- und Blaumeisen. «

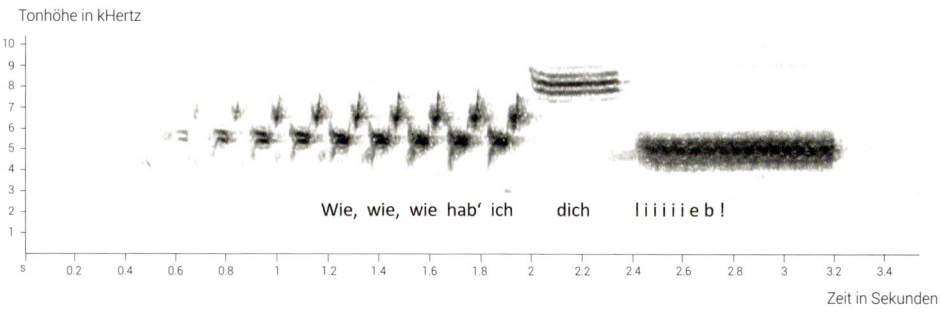

| Sonagramm einer Strophe der Goldammer, mit lautmalerischer Beschreibung und Darstellung mit Punkten und Strichen

Wenn man Rufe und Gesänge verschiedener Vögel abbildet, merkt man bald, dass die einzelnen Sonagramme Kunstwerke für sich selbst sind.

Vogelgesang als Quelle der Inspiration und Kreativität

„Klang ist ein starker Sinnesreiz für uns Menschen und die Klänge der Natur scheinen uns als Spezies besonders zu faszinieren. Naturgeräusche können uns informieren und antreiben, uns beruhigen und inspirieren. Es ist daher kein Wunder, dass die Werke zahlloser Kunstschaffender sich mit den Klängen von Landschaften oder Tieren befasst haben, insbesondere denen der Vögel". (Lisa Gill, Citizen Science und Kunst-Projekt Dawn Chorus des Biotopia Naturkundemuseums Bayern)

Im Rahmen des Dawn Chorus Projektes sind schon einige künstlerische Arbeiten zum Vogelgesang entstanden. Kunst und Wissenschaft machen gemeinsam auf die Bedrohungen der Artenvielfalt auf unserem Planeten aufmerksam.

  **» LINK** zum *Dawn Chorus Projekt*

Am besten lernst du Vögel am Gesang zu unterscheiden, indem du ihnen genau zuhörst.

Und das will geübt sein. Wie beim Erlernen einer Fremdsprache beginnt man mit einigen wenigen Vokabeln oder Gesängen und erweitert sein Repertoire langsam. Wiederholung ist der Schlüssel zum Erfolg. Beginne daher mit den Vögeln in der unmittelbaren Nähe deines Wohnorts, mit denjenigen, die du jeden Tag hörst. Kennst du erst einmal die häufigen Arten, dann fallen dir ungewöhnliche Sänger auf und du lernst dazu. Wichtig ist, dass du gut zuhörst. Diese Übung kann dir helfen, ein*e bessere*r Zuhörer*in zu werden.

Wähle einen einzelnen Vogel und konzentriere dich auf seinen Gesang.

» Klingt er jedes Mal gleich, wenn er nach einer kurzen Pause wieder zu singen beginnt?

» Wie viel Zeit verstreicht zwischen den einzelnen Gesängen?

» Singt der Vogel immer vom gleichen Ort, von derselben Singwarte?

» Verkürzt er den Gesang manchmal oder bricht er gar abrupt ab? Was könnte die Ursache dafür sein?

» Wird der Gesang lauter oder leiser?

Versuche den Gesang in Worten zu beschreiben oder zeichne das Gehörte mit Punkten und Strichen auf. Nach ein paar Tagen schau auf deine Zeichnung und versuche die Melodie im Geist zu hören oder vielleicht kannst du sie sogar nachpfeifen? Wenn du die typischen Gesänge der Vögel kennst, hör genauer hin. Singt der Vogel wirklich nur die arttypischen Phrasen oder kannst du Laute eines anderen Vogels heraushören?

Die Erde hat Musik für diejenigen, die zuhören.

~ Reginald Vincent Holmes

50

Meistersänger Zaunkönig

Eine bemerkenswert komplexe, laute und klangvolle Stimme in unseren Gärten besitzt ein kleines, braunes Vögelchen mit meist unverkennbar aufgestelltem Schwanz: der Zaunkönig. In Deutschland kommt nur eine Art des Zaunkönigs vor, *Troglodytes troglodytes*, weltweit gibt es über 80 verschiedene Arten. Sie haben einige Gemeinsamkeiten, unterscheiden sich aber doch in Vielem. Sie leben von Tiefebenen bis zu Höhen von 4.000 Metern. Sie sind Standvögel, Zugvögel und Teilzieher. Ihre Nahrung besteht vorwiegend aus Spinnen und Insekten.

Der europäische Zaunkönig ist voller Neugierde und hat eine lebhafte Persönlichkeit, die zu seinem typisch frech aufgestellten Schwanz zu passen scheint. Trotz dieser Eigenschaften kann der Zaunkönig manchmal schwer zu sehen sein und wird eigentlich als scheu beschrieben, da er sich gerne in der Deckung niedriger Büsche aufhält.

Zaunkönige sind auf bestimmte Lebensräume in Feuchtgebieten, Wüsten, Schluchten und Wäldern spezialisiert. Manche haben sich gut an das Zusammenleben mit Menschen angepasst und sind willkommene Bewohner un-

| Zaunkönig

serer Gärten. Sie sind nämlich ausgezeichnete Schädlingsbekämpfer. Sie schnappen sich Insekten, Spinnen und Käfer und helfen die Natur im Gleichgewicht zu halten.

Während der Brutzeit sind die meisten männlichen Zaunkönige eifrig damit beschäftigt mehrere Nester zu bauen, so dass sich die Weibchen ihre Lieblingsarchitektur aussuchen können. Die Nester des Männchens werden allerdings nur zur Schau gestellt, denn meist baut die Partnerin zum Brüten doch ihr eigenes Nest. Diese charismatischen braunen Vögel sind unterhaltsam, aufgrund ihres schmetternden Gesangs und ihrer Neugierde, die sie dann oft doch in unsere Blicke huschen lässt.

» Manchmal finden wir Vögel an unerwarteten Orten. Als ich auf der Autobahn unterwegs war, hielt ich an einem Rastplatz an, stieg aus meinem Auto und hörte einen Pazifikzaunkönig *Troglodytes pacificus* am nahe gelegenen Waldrand singen. Nach einem hektischen Tag brauchte ich eine Pause, da kam mir ein wenig Vogelbeobachtung genau gelegen. Ich ging näher auf den Gesang zu und schaute in die moosbewachsene Waldlandschaft. Ich schloss meine Augen, lauschte diesem musikalisch komplexen und schönen Lied – einem meiner Lieblingslieder – und nahm den Moment in mir auf. Die Klänge, die erdigen Gerüche, gepaart mit einem Anflug von Tannen- und Fichtennadelduft, und der unvergleichbare Gesang des Zaunkönigs. Die Kraft des Vogelgesangs kann überwältigend sein. «

 **» SOUNDSCAPE**
Gesang eines US-amerikanischen Pazifikzaunkönigs

Etliche Verhaltensweisen sind ganz typisch für Zaunkönige,

und zwar nicht nur für unseren kleinen europäischen Zaunkönig, sondern auch für verwandte Arten, denen du in Afrika, Amerika oder auf anderen Kontinenten begegnen kannst.

» Der Schwanz, ob kurz oder lang, wird häufig aufgestellt. Welchen Vorteil könnte dies für den Vogel haben?

» Ihre Schnäbel haben eine einzigartige Form, sie sind ein ideales Werkzeug für die Nahrungsbeschaffung. Was frisst ein Zaunkönig und wie ist sein Schnabel geformt?

» Ihr auffälliger Gesang ist meist weithin zu hören. Kannst du Wiederholungen heraushören oder ist jede Strophe ein eigenständiges Kunstwerk? Gibt es Variationen im Lied eines Sängers oder zwischen einzelnen Individuen?

» Lebhaft huschen sie durchs Unterholz. Wie würdest du ihr Verhalten beschreiben? Fällt dir etwas Bemerkenswertes auf? Beobachte einen Zaunkönig, wie er sich emsig durchs Dickicht nahe zum Boden bewegt.

» Wenn Zaunkönige Menschen wären, würdest du einen als Freund*in haben wollen?

*Sich an dem schönen Gesang eines Vogels erfreuen;
im einfachen Leben verwurzelt zu sein, fähig,
die Gaben zu umarmen, die für jeden von uns da sind.*

~ April Peerless

» SOUNDSCAPE
Amsel

Was verbirgt sich in einem Lied?

Selten singt ein Vogel allein. Wenn einer beginnt, antwortet ein anderer. Dieses Gegensingen kann zufällig, aber auch koordiniert ablaufen. Wenn man genau hinhört, wechseln sich manche Sänger mit ihren Strophen ab, sie warten, bis der andere „fertig gesungen" hat. Andere fallen sich ins Wort, der zweite Vogel beginnt seinen Gesang, bevor der erste abgeschlossen hat. Derjenige, der ins Wort fällt, fordert heraus. Wie empfindest du das im Gespräch mit Menschen?

Manche Vogelarten perfektionieren koordiniertes Singen in sogenannten Duett-Gesängen. Dabei tragen Männchen und Weibchen eines Paares perfekt aufeinander abgestimmte Melodien vor. Der Zuhörer kann oft gar nicht sagen, ob es sich um einen oder zwei Vögel handelt, die so unermüdlich singen. Der gemeinsame Gesang stärkt vermutlich die Paarbindung.

Überrascht es, dass auch weibliche Vögel singen? Es ist nicht so selten oder unüblich, dass auch Weibchen Gesänge vortragen. Bloß bei den europäischen Singvögeln erheben meist nur die Männchen ihre Stimme. Befindet man sich am Äquator, wo Vögel das

| Amsel

ganze Jahr über Reviere verteidigen und auch brüten, teilen sich Männchen und Weibchen oft die akustische Verteidigung des Reviers. Hinzu kommt, dass es für uns schwierig ist, das Geschlecht des Sängers zu dokumentieren, wenn Männchen und Weibchen einer Vogelart sehr ähnlich aussehen. Singt tatsächlich nur das männliche Rotkehlchen oder flötet auch ein Weibchen gelegentlich ein Lied? Kannst du das beurteilen?

Ist Vogelgesang Musik in deinen Ohren?

Wenn Menschen ihre Lieblingsmusik hören, wird der Botenstoff Dopamin im Gehirn freigesetzt[28] und aktiviert das Belohnungssystem. Wir fühlen uns gut. Wenn Vogel-Weibchen während der Brutsaison den Gesang eines Männchens ihrer Art hören, laufen ähnliche hormonelle Prozesse ab.[29] Kann Vogelgesang auch bei uns Dopamin freisetzen und dadurch Gefühle der Freude und der Zufriedenheit hervorrufen?

Wir empfinden Freude beim Betrachten von Vögeln. Laut wissenschaftlicher Studien kann der Gesang mancher Vögel ähnliche Gefühle in uns auslösen. Besonders wenn wir komplexe und vertraute Vogelgesänge hören, fühlen wir uns entspannt und zufrieden.[30] Vogelgesang und Rufe erhöhen unsere Aufmerksamkeitsspanne und bringen uns Erholung von Stress.[31] Die Geräuschkulisse von Vogelstimmen und Rufen in deiner Heimat kann eine vertraute Melodie sein, die dich täglich erwartet oder nach einer Reise zu Hause willkommen heißt. Wie Musik weckt auch Vogelgesang Erinnerungen bei uns.[32] Wir erinnern uns an unsere Kindheit, wenn Vögel im Garten gesungen haben, an Glücksmomente, bei denen Vögel – oft unbewusst in der natürlichen Geräuschkulisse – zu hören waren.

Beim Musikhören kann sich der Herzrhythmus ändern, sich anpassen an die Melodie, die man gerade hört.[33] Kann sich unser Herzschlag auch an den Rhythmus und die Melodie des Vogelgesangs anpassen?

» SOUNDSCAPE
Blaumeise

Warum singen Vögel?

Mit ihrem Gesang grenzen Vögel ihre Reviere ab, Gebiete, in denen sie leben und Nahrung suchen, und sie locken Partnerinnen an. Sie singen, um Aufmerksamkeit zu bekommen. Dazu suchen sie bestimmte Singplätze auf, am besten hoch oben auf der Baumspitze oder auf dem Dachgiebel, damit der Gesang möglichst weit in die Ferne trägt. Manche Vögel wollen noch höher hinaus und singen im Flug. Bei einem Spaziergang über Felder und Wiesen hört man häufig die Feldlerche, die singend in den Himmel steigt, und dann im Sinkflug wieder im schützenden Gras verschwindet. Auch Schwirle und Pieper wenden diese Art des Singflugs an.

» Überlege dir, welche Vogelgesänge dich täglich begleiten, im Garten, auf der Straße, am Weg zur Arbeit. Kannst du dich an die Lautkulisse aus deiner Kindheit erinnern? Zu Hause oder vielleicht an einem Urlaubsort, der dir besonders in Erinnerung geblieben ist? Weckt der Gesang vielleicht diese Erinnerungen in dir? Wenn du am Abend nach Hause kommst, welcher Vogelgesang fällt dir zuerst auf, fühlst du dich dadurch „zuhause"? Ich fühle mich angekommen, wenn ich eine Blaumeise singen höre «

| Blaumeise

Höre dem Chor der Vögel vor deinem Fenster, im Garten oder im Park zu.

Besonders in den frühen Morgenstunden im Frühling und angehenden Sommer kannst du die Vielfalt der natürlichen Laute genießen. Nimm die Lieder und Klänge bewusst wahr, indem du auf einzelne Muster achtest:

» **Hohe Tonlage, tiefe Tonlage:** Große Vögel klingen generell tiefer als kleinere, hörst du einen Unterschied? Kannst du erraten, wie groß der Sänger ist?

» **Wiederholte Phrasen:** Hörst du die Wiederholungen, die die Kohlmeise singt? Kannst du sie auch im Gesang der Singdrossel erkennen?

» **Gegengesang:** Singt mehr als ein Vogel? Antwortet ein anderer auf seinen Gesang?

» Kannst du erahnen, warum der Vogel singt?

» Überlege dir, welche Singvögel du kennst, bei denen das Gefieder von Männchen und Weibchen sehr ähnlich aussehen. Bei welchen Vögeln unterscheiden sie sich? Schau genau, ob nur die Männchen singen.

> Jeder hört gerne Vogelgesang.
> Es ist ein menschliches Bedürfnis …
> der Klang der Vögel bereitet eine tiefe,
> wenn auch manchmal fast unbemerkte, Freude.
>
> ~ Simon Barnes

Aufruf zum Handeln

Man muss sich nicht mit Vogelstimmen oder Rufen auskennen, um die Alarmsignale mancher Vögel zu verstehen und zu deuten. Wenn du wiederholt aufgebrachte Rufe hörst, lohnt es sich herumzuschauen, wem diese gelten. So machst du vielleicht eine unbemerkte Entdeckung und erhältst einen Einblick in die turbulente Vogelwelt, in eine dynamische Nahrungskette.

Wie die Stadtschreier sind Vögel wie Krähen, Eichelhäher oder Meisen einige der Alarmisten, die alle über die Bedrohung durch Beutegreifer in der Umgebung auf dem Laufenden halten. Wenn ein Eichelhäher einen heimlich sitzenden Sperber erspäht, rückt er näher heran und schlägt Alarm, als ob er schreien würde: „Ich habe dich! Ich habe dich erwischt!" Wie mit einem grellen Scheinwerfer leuchtet er auf den Sperber, der sich lautlos an die Vögel an deinem Futterhäuschen heranpirscht.

| *Seeschwalben*

Bald erscheinen andere Vögel auf der Bildfläche, eine Auswahl der gefiederten Charaktere in deinem Garten stellt sich auf der Bühne ein und alle schauen nach, was los ist. Dies ist eine großartige Möglichkeit, Vögel genau zu beobachten und kennenzulernen. Beobachte, wer mutig ist und wer sich im Hintergrund hält, aus dem Gebüsch hervorschaut und trotzdem neugierig bleibt.

Wenn du während der Brutzeit auf Vögel in der Luft achtest, kannst du vielleicht ein Schauspiel entdecken, bei dem sich ein kleinerer Vogel auf einen größeren Vogel stürzt – egal, ob dieser sitzt oder fliegt. Bussarde, Falken und andere Greifvögel sind oft das Ziel dieser furchtlosen Taktik, mit der versucht wird, die Bedrohung aus dem Luftraum zu vertreiben. Aber auch Forscher, die Nester gefährdeter Vogelarten markieren, werden attackiert, wie man besonders eindrucksvoll in einer Kolonie von Seeschwalben erleben kann.

» Als ich in einem kleinen Park in der Nähe meines Hauses nach Zugvögeln Ausschau halte, höre ich die Alarmrufe von Amseln, Kleibern und Meisen. Ich folge den Rufen und finde eine Gruppe von Vögeln, die alle in eine Richtung kreisen. Ich bleib stehen und lasse meine Augen das Ziel ihres „Mobbings" finden: Es ist eine Waldohreule, die sich in den dichten Zweigen einer Fichte verkrochen hat. Eine Eule am Tag zu entdecken ist immer eine aufregende Sache. In diesem Fall bin nicht ich die Finderin – ich hörte einfach auf die Rufe der Vögel und ließ mich von ihnen zu ihrer interessanten Entdeckung leiten. «

| Mönchsgrasmücke

» SOUNDSCAPE
Mönchsgrasmücke

Richte deinen Blick gen Himmel, halte Ausschau nach Vögeln und finde ihr Ziel.

Singvögel sind die besten Beobachter von Greifvögeln, ihr aufmerksamer Blick verrät den Wanderfalken über deinem Kopf. Wenn wir unsere Welt mit den Augen der Vögel wahrnehmen, können wir viel über uns selbst und andere Tiere lernen.

» Hast du jemals wütende oder schimpfende Rufe von Vögeln im Garten gehört?

» Bist du schon einmal von einem Vogel im eigenen Garten gemobbt, scheinbar angegriffen worden?

» Hast du jemals einen Falken oder eine Eule gefunden, dank einer Schar von Vögeln, die in seiner Nähe gerufen haben?

» Würde diese Art des Mobbings bekannter Bedrohungen in einer menschlichen Gemeinschaft funktionieren?

» Wird es vielleicht bereits eingesetzt in unserer eigenen Gesellschaft?

**Um Vögel zu sehen, ist es notwendig
ein Teil der Stille zu werden.**

~ Robert Lynd

53

Tiefe Einblicke mit Weitblick

Zahlreiche Vögel wachsen in einer Höhle, in einem abgeschlossenen, dunklen Raum, heran. Das sind die sichersten Nester, geschützt vor Witterung und Fressfeinden. Doch Höhlen können schwer zu finden sein. Der Buntspecht zimmert selbst eine Baumhöhle, in der er dann seine Jungen großzieht. Viele Singvögel, wie Kohlmeise, Blaumeise oder Kleiber, sind auf Nischen oder Löcher anderer als Kinderstube angewiesen. Diese Höhlen sind entweder natürlich entstanden oder vom Specht gezimmert und verlassen worden. Neben dunklen Höhlen bevorzugen manche Vögel eine Halbhöhle. So baut der Hausrotschwanz sein Nest in eine Nische an einem Haus oder einer Scheune. Der Turmfalke als Felsenbrüter baut kein eigentliches Nest, sondern sucht sich eine Nische im Felsen, in die er seine Eier legt. Wenn er keine geeignete Stelle findet, übernimmt er das Nest von Krähen oder zieht in Nisthilfen ein.

Hast du dir schon einmal vorgestellt, wie es sein muss in einer Baumhöhle oder einem Nistkasten aufzuwachsen, die ersten Tage oder Wochen auf beengtem Raum in der Halbdämmerung zu verbringen, das erste Mal das Tageslicht erst kurz vor dem Ausflug aus der sicheren Nisthöhle zu erblicken?

| *Kohlmeisen Nestlinge*

| Turmfalken Nestlinge

Wir sind alle in unseren eigenen vier Wänden gefangen, bildlich gesprochen und manchmal auch tatsächlich. Können wir unsere Komfortzone verlassen und einen genaueren Blick auf unsere eigene Welt werfen, um das große Ganze besser zu verstehen? Oder übersehen wir dabei vielleicht, was direkt neben uns passiert? Wenn wir tiefer und näher in die Natur schauen, eröffnen sich uns neue Perspektiven.

» Ich liebe die Herausforderung, die Natur in all ihren Details wahrzunehmen. Wenn ich meine Erkundung auf eine kleine Fläche beschränke, bekomme ich einen "„Insider"-Blick auf ungesehene Ecken und Winkel. Das Große im ganz Kleinen zu entdecken begeistert mich. Die Welt wie mit den Augen einer Ameise zu sehen, mit einem riesigen Vergrößerungsglas. Da fühle ich mich wieder wie ein Kind und bin voller Bewunderung für Einzelheiten. Manchmal finde ich winzige Blüten auf „Unkraut" im Gras. Miniaturschönheiten, ungesehen, vergessen und unbemerkt. In diesen Momenten fühle ich mich wie der glücklichste Mensch auf Erden, denn ich freue mich über den Zauber des Details, über Feinheiten, die schon immer da waren und nur darauf gewartet haben, entdeckt zu werden. – Was kannst du Neues in der Natur erfahren? «

Gewinne tiefe Einblicke in das Leben der Vögel.

Dabei musst du nicht in ihre Nester hineinschauen, denn Vögel brauchen an ihrem Nistplatz Ruhe und wir wollen sie auf keinen Fall stören. Ganz ohne Vogel-Nest laden wir dich ein, folgende Übung zu probieren:

Suche dir einen Platz im Freien – egal wo. Stell dir einen Rahmen auf dem Boden vor, mit ungefähr einem Meter Seitenlänge. Knie oder setz dich auf den Boden, um mit diesem Raum vertraut zu werden. Beobachte mit deinen Sinnen innerhalb des Rahmens: Was kannst du sehen, was hören, fühlen oder riechen? Fühlst du dich wie ein junger Vogel, der die Welt entdeckt?

Betrachte diesen abgegrenzten Raum für fünf Minuten. Werde mit ihm vertraut. Begutachte ihn genau und suche nach so vielen Lebenszeichen, wie du nur finden kannst.

Stell dir diese Fragen:

» Welche Lebenszeichen nimmst du wahr? Mit welchen Sinnen bemerkst du sie?

» Welche Muster kannst du feststellen?

» Wer könnte sich in diesem Raum wohlfühlen?

» Welche Tiere oder Vögel sind in der Nähe – vielleicht sogar in diesem Raum?

Wenn du diese Übung später wiederholst, erweitere die Grenzen des Rahmens und damit auch deinen Blick. Die Kohlmeisen befinden sich mitten im Nistkasten, aber was ist sonst noch um sie herum?

» Würdest du lieber im geschlossenen Nest der Kohlmeise oder im halboffenen des Turmfalken aufwachsen?

Schau ganz tief in die Natur, dann verstehst du alles besser.

~ Albert Einstein

54

Offen für Neues

Der Frühling erwacht nach der Winterpause, das Leben erneuert sich und kommt wieder zum Vorschein. Laute Konzerte von Vogelgezwitscher, Ausbrüche leuchtender Farben und die Verheißung von neuem Leben sind zu hören und zu sehen. Die Brutzeit rückt für viele näher. Vögel beginnen, sich geeignete Plätze für die Aufzucht ihrer Jungen zu suchen, Orte, an denen sie ein Nest bauen und ihre Eier legen können.

Die Brutstrategien der Vögel sind vielfältig. Bei manchen Arten bleiben die jungen Nesthocker einige Wochen bis Monate im Nest, bevor sie flügge werden und das schützende Heim verlassen. Bei anderen Arten verlassen die jungen Nestflüchter den Nistplatz, sobald sie aus dem Ei geschlüpft sind. Dementsprechend unterschiedlich aufwendig gestaltet sind die Brutstätten. Doch an einem sicheren Ort müssen sich alle Nester befinden.

Das Nest ist ein mehr oder weniger komplexes Konstrukt aus verschiedenen natürlichen Materialien. Die Grundform ist eine Art Schale, die aus Zweigen und kleineren Ästen gewoben wird. Ausgekleidet ist sie mit feinerem Material wie Moos oder Federn. Die Architektur des Nestes kann sehr unterschiedlich ausfallen, ebenso die Lage.

| *Kohlmeise*

| *Frühlingsknotenblume*

Hoch oben im Baumwipfel bauen Elstern ihr Nest, das übrigens einem Eichhörnchen-Kobel sehr ähnlich sieht. Ebenso hoch oben brüten Greifvögel. Am Boden legen Kiebitze ihre Eier in eine flache Mulde.

Unzählige Vögel weltweit sind auf höhlenartige Unterschlüpfe angewiesen, um zu nisten, zu schlafen und Nesträubern zu entkommen. Spechte sind geschickte Zimmermeister und gestalten sich selbst einen perfekt angepassten Unterschlupf. Die meisten Vögel jedoch sind nicht mit Schnäbeln zum Stemmen und Meißeln ausgestattet und daher auf andere Baumeister angewiesen. Sie nutzen natürliche oder verlassene Höhlen. So legt die Brandgans auf den ostfriesischen Inseln ihre Eier in Kaninchenbauten.

Angesichts der vom Menschen verursachten Veränderungen von Landschaften und Lebensräumen sind Höhlen kostbare Strukturen in der natürlichen Welt, die immer seltener werden. Aber es gibt Hoffnung, wenn wir beginnen, die Anforderungen anderer Lebewesen zu erkennen und die Vielfalt der Natur wiederherzustellen. Besonders höhlenbrütende Vögel können wir bei der Brutplatzwahl unterstützen. Im Garten bilden sich in abgestorbenen, stehengelassenen Bäumen natürliche Höhlen. Bald schon zieht hier neues Leben ein. Aber auch mit Nistkästen können wir nachhelfen, sie sind ein guter Ersatz für Baumhöhlen. So übernehmen wir Verantwortung den Vögeln geeignete Brutmöglichkeiten zu bieten, um neue Generationen großzuziehen. Der Erfolg dieser einfachen Handlungen ist schnell sichtbar.

In den USA konnte durch das Anbringen von Nistkästen und anderen

| *Mauerseeglernistkästen*

naturschutzfachlichen Maßnahmen in vielen Gegenden der Rotkehl-Hüttensänger (bluebird) und die Brautente (wood duck) gerettet werden, beides Vogelarten, die in Höhlen brüten. Ähnlich wird in Deutschland gebäudebrütenden Schwalben, Mauerseglern und Turmfalken geholfen. Auch der seit einigen Jahren im Bestand abnehmende Haussperling profitiert davon. Der LBV koordiniert Projekte[34], um diese charismatischen Arten zu erhalten. Häuser mit Nestern für Mehl- und Rauchschwalbe werden als schwalbenfreundlich ausgezeichnet, und Kirchtürme als Lebensräume ausgewiesen.

An ihrem Nistplatz sind Vögel sehr scheu, da sie diesen geheim halten wollen. Das müssen wir respektieren, Abstand zum Nest halten und vorsichtig aus der Ferne, am besten mit einem Fernglas, beobachten. Sonst verlassen die Vögel ihr Nest und ihre Jungen, und unsere gutgemeinte Hilfe missglückt.

» Nistkästen zu basteln[35] ist ein spannendes Projekt für Familien und Schulklassen. Bei Spaziergängen im Waldgebiet an meinem Wohnort fällt mir immer wieder das beinahe schon Überangebot an Nistkästen auf. Sie sind in verschiedenen Größen und Formen aus Holz gefertigt, tragen eine Jahreszahl und einige auch einen Namen. Sie sind das Ergebnis verschiedener Bastelaktionen an der lokalen Grundschule. Im Laufe ihrer Schulzeit fertigen beinahe alle Schüler*innen einen Kasten an oder dekorieren einen und hängen ihn im Wald auf. Dementsprechend viele Kästen sind mittlerweile im Wald verteilt. Im Frühjahr nutzen etliche Kohlmeisen, Blaumeisen und Kleiber diese Kästen, da das Angebot an natürlichen Nisthöhlen begrenzt ist. Vögel haben schon viele erfolgreiche Bruten in den Nistkästen großgezogen. Ein großartiges Projekt, junge Menschen von heute legen den Grundstein für die Vögel von morgen. «

Schau dich um. Bemerkst du Höhlen oder Räume, die für Vögel zum Nisten geeignet wären?

» Wie viele Arten von Nisthöhlen siehst du in deinem Umfeld?

» Hörst du manchmal das Trommeln eines Spechts? Kannst du ihn ausmachen?

» Wenn du einen Nistkasten im Garten hast, wird er von jemandem benutzt? Manchmal ziehen auch andere Tiere als Gäste ein, so nutzen Siebenschläfer oder Eichhörnchen im Winter gerne die leeren Vogelnistkästen zum Schutz vor Sturm und Kälte.

Die Frühjahrsarbeit findet
mit freudiger Begeisterung statt.

~ John Muir

» **SOUNDSCAPE**
Mehlschwalben

Gemeinsam sind wir stark

Das Spektakel einer Massenansammlung von Tieren in Bewegung ist atemberaubend und hypnotisierend zugleich. Vogelschwärme ziehen unsere Aufmerksamkeit auf sich. Scharen von Tieren sprechen die soziale Neugierde des Menschen an, und bei manchen von uns vielleicht sogar den Jagdinstinkt.

Vogelschwärme gibt es viele: Hausspatzen auf Futtersuche, Stare am Kirschbaum, Graugänse, die über den See fliegen, und Wespenbussarde, die am Zug gemeinsam immer höher in die Luft steigen, bevor sie unseren Augen entschwinden. Manche Schwärme sind ein perfektes Beispiel der Teamarbeit. Vögel begeben sich in eine Gruppe von Artgenossen, um sich fortzubewegen, um Nahrungsvorräte zu nutzen oder um sich vor Beutegreifern zu schützen. Wie ein Schwarm aussieht – sein Rhythmus, seine Form oder sein Bewegungsmuster –, ist für uns oft ein Anhaltspunkt, um eine Vogelart zu bestimmen. Denke an die häufig in V-Formation ziehenden Gänse.

Auf dem Vogelzug – einer der riskantesten Reisen, die ein Vogel wiederholt unternimmt – kann ein Schwarm von Vorteil sein. Viele Augen sehen mehr und das Fliegen in Formation kann

| Mehlschwalben

lebenswichtige Energie sparen. Jeder Vogel positioniert sich leicht schräg hinter dem Vorgänger und macht sich so die Auftriebskraft der Strömungswirbel am Flügelende des voranfliegenden Vogels zu nutze. Einzig die an der Spitze der Formation fliegenden Vögel kommen nicht in diesen Genuss des Energiesparens. Darum wird auch nach einiger Zeit Position gewechselt.

Auch in unserem Leben sind Gruppenbildungen wichtig, für manche mehr, für andere weniger. Krisen oder besondere Ereignisse können die Normen und Rhythmen unseres Lebens durcheinanderbringen. Und so ist dies oft auch eine Zeit, unseren Gruppenanschluss zu überdenken und „unsere Herde" eventuell neu zu gestalten. Wir finden uns mit anderen Menschen zusammen, die eben für die jeweilige Situation unseres Lebens passend sind. Hat die Neugestaltung unseres sozialen Umfelds positive Auswirkungen? Bringen neue Talente und Ressourcen der Gruppe Vorteile?

» Dieses Spektakel übertrifft alles: In der Abenddämmerung fliegen Schwalben, eine bunte Mischung von Rauch- und Mehlschwalben. Ich sehe die feinen Unterschiede, den langen gegabelten Schwanz der Rauchschwalbe und die mehlweiße Unterseite der Mehlschwalbe. Sie fliegen tief übers Schilf, jagen wohl noch nach den letzten Mücken und Fliegen des Tages und versuchen vor der Nachtruhe einen Snack zu erhaschen. Plötzlich verschwindet der Vogel, den ich gerade beobachte, er taucht ab ins Schilf. Gleich darauf noch einer und wieder einer, und so setzt sich das fort. Eine Schwalbe nach der anderen scheint aus dem Flug ins Schilf hinunterzufallen. Der fliegende Schwarm über dem Schilf wird jedoch nicht kleiner, denn es stoßen ständig Neuankömmlinge dazu, der Zustrom reißt nicht ab. Immer schneller und immer mehr Vögel verschwinden im Schilf-Dickicht. Da wird mir klar: Sie beziehen ihre Schlafplätze und werden die Nacht im Schutz des Schilfes verbringen. In der Gruppe sind sie sicher. «

Vogelschwärme können sich in der Luft, auf dem Boden, auf Gebäuden, an Drähten oder auf dem Wasser aufhalten – eigentlich überall.

Schau, ob du im Garten oder im Park einen Vogelschwarm findest, den du beobachten kannst. Beobachte die Gruppe, aber versuche auch, einzelne Vögel darin wahrzunehmen und stell dir folgende Fragen:

» Wie bewegt sich der ganze Schwarm? Wie bewegt sich der einzelne Vogel?

» Welche Gestalt siehst du im Schwarm, wenn er fliegt – ein V-förmiges Muster? Eine große Gruppe in lockerer Formation, die in einem aufsteigt, wie ein Kessel von Falken. Eine „Murmuration" von Staren, die Trauben bilden, choreografiert in atemberaubender Schnelligkeit. Eine unterbrochene Linie, einen Fluss von Vögeln oder eine unregelmäßige Gruppe?

» Sind die Individuen innerhalb des Schwarms mit gleichmäßigem Abstand voneinander verteilt oder scheint es, als gäbe es keinen Individualbereich?

Wenn du Schwärme auf dem Boden siehst, frage dich, ob die Vögel zum Fressen zusammengekommen sind. Wenn ja, achte darauf, ob es sich um eine einzige Art oder mehrere Arten handelt – wie die Amseln, die im zeitigen Frühjahr über das Gras verstreut nach Nahrung suchen. Verständigen sich die einzelnen Vögel untereinander?

» Hat die Tageszeit einen Einfluss darauf, wann Vögel im Schwarm auftreten?

Jede Spezies, auch wir selbst, ist ein Glied in vielen Ketten … wenn eine Veränderung in einem Teil des Kreislaufs eintritt, müssen sich viele andere Teile darauf einstellen.

~ Aldo Leopold

56

Lästige Vögel

Es ist nie schwer, die Vögel zu nennen, die wir besonders mögen. Aber gibt es einen Vogel, den du nicht bewunderst oder von dem du vielleicht sogar frustriert bist? Das Verhalten mancher Vögel kann uns unangenehm sein. Wir bemängeln ihr Auftreten sogar dann, wenn wir an ihrer Anwesenheit schuld sind – historisch gesehen, weil wir sie in eine neue Gegend gebracht oder als Gäste in unsere Gärten gelockt haben. So kommt zum Beispiel der Haussperling, der meistbekannte Spatz, heutzutage fast weltweit vor. Aber wissen wir diesen Kulturfolger zu schätzen?

Es ist leicht, eine negative Meinung über Vögel zu haben, die nicht immer ein natürlicher Teil des lokalen Ökosystems waren, sich aber hervorragend angepasst haben und sich nun zahlreich vermehren. Oft sind diese eingeführten Arten in der Lage, heimische Vögel zu verdrängen, sie aus ihren Nisthöhlen zu vertreiben, um so ihren eigenen Bruterfolg zu verbessern. Sie folgen ihren Instinkten, versuchen zu überleben und sich zu vermehren. Wir haben zu ihrem Aufstieg beigetragen, sind sie also wirklich schuld an der Situation oder sind wir es?

| Star

| Star

Manchmal ist es das gesellige Verhalten, das einem Vogel einen schlechten Ruf einbringt. Vögel, die in Scharen an unsere Futterstellen fliegen, die die Samen in Windeseile aufpicken und die Szene dominieren, können unerfreulich und sogar teuer sein! Stare können eine Futterstelle blitzartig leerfressen – ebenso wie sie es mit dem Kirschbaum in Nachbars Garten tun.

Ein anderes Mal ärgern wir uns über räuberisches Verhalten, das wir beobachten, wie zum Beispiel die Geschicklichkeit einer Elster beim Ausrauben eines Nests oder über die schlaue Brutstrategie des Kuckucks, der die Jungenaufzucht den Zieheltern überlässt. Wenn wir Vögel in unseren Gärten gerne füttern, müssen wir bedenken, dass wir damit auch Beutegreifern unter den Vögeln ein Buffet anbieten. Sie lernen schnell, dass kleine Vögel, ihre eigene Nahrungsquelle, an die Futterstelle kommen.

Wenn wir an die Vögel denken, die wir nicht mögen, sollten wir uns fragen, warum. Wenn wir die Gründe wissen, verstehen wir eventuell besser die ökologische Rolle, die jeder Vogel spielt. Das ist wichtig für Natur- und Artenschutz. Greifvögel wurden einst als Schädlinge betrachtet. Sie wetteifern mit uns Menschen um gemeinsame Nahrungsquellen. Aber wenn man sich ihre Rolle im Ökosystem genauer ansieht, sehen wir den unglaublichen Wert, den sie haben.

Die Kirschendiebe

Stare lieben Kirschen und andere reife Früchte. Wenn sie in der Schar einen Baum erspähen und über ihn herfallen, ist er in Windeseile leergeräumt. Da helfen kein Schreien und Toben, auch Vogelscheuchen sind nutzlos, die Anziehungskraft der süßen Früchte ist zu groß. Wissen wir doch selbst, wie gut sie schmecken. Doch ein Hausmittel gibt es, auch wenn es aufs Erste nach „Feuer mit Feuer bekämpfen" klingt: Bringt man einen Nistkasten an besagtem Kirschbaum an, zieht meist rasch ein Staarenpaar ein und verteidigt ab diesem Zeitpunkt vehement den neuen Heimatsort, inklusive aller Früchte auf dem Baum. Man teilt also die Ernte fortan nur noch mit zwei Vögeln, die großen Schwärme lernen schnell sich einen anderen Baum zu suchen.

» Wenn wir Vogelfreund*innen sind, müssen wir dann alle Vögel mögen? Manchmal gibt es Verhaltensweisen von Vögeln, die uns in den Wahnsinn treiben. Der Haussperling ist ein perfektes Beispiel in den USA. Ich bin frustriert, wenn ich feststelle, dass einer den Nistkasten, den ich für meine Rotkehl-Hüttensänger (Bluebirds) aufgehängt habe, bezogen hat. Der Haussperling wurde Mitte des 19. Jahrhunderts in die USA eingeführt und konnte sich hier gut ausbreiten. Oft verdrängt er andere Vögel und richtet in unseren Gärten ein großes Chaos an. Aber ist es Verwüstung? Oder ist es die Natur in ihrer kühnsten und eindrucksvollsten Form des Überlebens? Letztendlich schätze ich die Hartnäckigkeit der Sperlinge und finde sie auch schön. «

Diskussionen über die Beziehungen zwischen Menschen und Vögeln sind wichtig, um den verantwortungsvollen Umgang mit ihnen und das Verständnis zu fördern.

» Gibt es einen Vogel, den du nicht magst?

» Wenn du einen bestimmten Vogel nicht magst, liegt es daran, wie er sich auf Menschen und Landschaft auswirkt, oder ist es sein Verhalten gegenüber anderen Vögeln, das dich stört?

» Auf Viehweiden sieht man oft Stare eifrig im Gras herumlaufen. Sie kommen den Rindern und Pferden sehr nahe. Sie picken Ungeziefer und befreien die Tiere so von den Plagegeistern. Aber diese Stare können im Obstbau wegen ihres Schwarm-Verhaltens selbst zur Plage werden. Sie fressen Obstbäume innerhalb kürzester Zeit leer. Sind sie also immer „böse Vögel" oder sind sie eigentlich gute? Kommt es vielleicht auf die Betrachtung an?

» Stell dir ähnliche negative Verhaltensweisen unter uns Menschen vor und frage dich: Wenn dies Menschen wären, würde ich diese Verhaltensweisen bewundern oder verdammen?

Nicht die stärkste Art überlebt, auch nicht die intelligenteste, sondern diejenige, die am schnellsten auf Veränderungen reagiert.

~ Charles Darwin

Aus der Vogelperspektive

Wir verbringen viel Zeit damit, Vögel aus der Nähe betrachten zu wollen. Wir wollen sie besser sehen, verstehen und herausfinden, wer sie sind. Näher heranzugehen, sei es mittels Fernglases, Spektiv oder Kamera, ermöglicht uns einen Einblick in das Dasein eines anderen Lebewesens. Glaubst du, dass sich das Interesse jemals umdreht? Beobachten die Vögel uns? Können sie unser Verhalten oder unsere Handlungen voraussagen? Lernen sie uns als Individuen kennen?

Studien zeigen, dass einige Vögel in der Lage sind, gezielt einzelne Menschen mit bestimmten Verhaltensweisen in Verbindung zu bringen. Rabenvögel, wie Krähen und Elstern, reagieren auf Merkmale im Aussehen oder Verhalten von Menschen in ihrem Umfeld. Arten, die mit Menschen zusammenleben, wie zum Beispiel Tauben, sind dafür bekannt, dass sie menschliche Gesichter unterscheiden können. Wenn Vögel uns erkennen, ist das ein Vorteil für ihr Überleben? Wenn wir wissen, dass Vö-

| Alpendohle

gel oder sogar andere Tiere uns beobachten, bringt uns das zum Nachdenken darüber, wie wir uns verhalten und mit der Welt um uns herum umgehen?

Wenn wir in unserem Garten, am Balkon oder im Stadtpark eine stille Bank finden, können wir uns mit den Vögeln, die um uns herum leben, vertraut machen. Je länger und kontinuierlicher wir sitzen, desto vertrauter werden uns die Vögel. Sie gewöhnen sich an uns und lernen, dass wir keine Bedrohung darstellen.

» Ich ertappe meinen Orni-Kollegen beim „pishing". Er steht vor einem Busch und macht mit geschlossenen Zähnen Laute, die wie „bschbschbsch" klingen. Offensichtlich weckt das die Neugierde einiger Vögel. Vögel geben ähnliche Laute von sich, wenn sie auf einen versteckten Greifvogel aufmerksam machen oder Artgenossen warnen, dass sie eine Eule entdeckt haben, die den Tag im Dickicht verschläft. So kommen Blau- und Kohlmeisen, Grasmücken und Kleiber wiederholt an den Rand des Gestrüpps und suchen die vermeintliche Störung. Wie nah sie kommen, wie lange sie interessiert bleiben und wie sie auf andere Vögel oder uns reagieren, hängt von der Art ab, aber ebenso von der Stärke unseres „pishing". Faszinierend. Bald merken die Vögel, dass wir nichts zu bieten haben, es gibt nichts zu sehen und nichts zu verjagen. So ziehen sie sich wieder zurück in ihren Alltag. Eigentlich schade, dass Vögel meist weniger an uns interessiert sind als wir an ihnen.

Anmerkung: Probiere das Anlocken der Vögel nur außerhalb der Brutsaison und niemals in der Nähe eines Nestes. Wir wollen Vögel nicht beunruhigen oder gar stressen. «

Richte dir einen Sitzplatz ein.

» Mit der Zeit gewöhnen sich Vögel an dich und ermöglichen dir eine vertraute Beobachtung.

» Stell dazu einen Stuhl oder eine Bank auf, die du stehenlassen kannst. Stell sie dort auf, wo Vögel häufig hinkommen. Schaffe Vertrautheit, indem du immer die gleiche Kleidung, denselben Hut trägst, wenn du an deinem Sitzplatz bist. Das ist wichtig und ermöglicht es den Vögeln sich an das, was sie sehen, zu gewöhnen. Nimm dir Zeit, um so still und leise wie möglich zu sitzen. Je mehr Zeit du hier verbringst, umso schneller werden sich die Vögel an dich gewöhnen.

» Stellen sich die Vögel im Garten auf dein Verhalten, deine Routine oder deine Handlungen ein? Die Amsel zeigt sich oft neugierig und wachsam, besonders in der Nähe vom leeren Vogelfutterhäuschen, das aufgefüllt werden muss.

» Glaubst du, dass „deine" Vögel im Garten dich erkennen?

» Nutzen manche Vögel in der Umgebung menschliche Handlungen oder Eingriffe in den Lebensraum aus?

» Welche Vögel lassen sich am leichtesten von Menschen stören oder in die Flucht schlagen?

**Freude am Schauen und Begreifen
ist die schönste Gabe der Natur.**

~ Albert Einstein

Hausfreund Rotkehlchen

Der kleine Vogel mit dem roten Latz ist nicht nur ein farbenprächtiger Gartenbewohner, sondern wohl auch einer der beliebtesten. Geschmückt mit roten Federn auf der Brust, gilt er im Volksmund als Bote des Glücks und der Hoffnung.

Abgesehen von ihrer Schönheit sind viele Vögel auch nützliche Helfer. Vor allem während der Brutzeit sammeln sie zum Füttern ihrer Jungen unzählige Insekten, deren Larven, Schnecken, Würmer und andere Kleintiere, die manchen Pflanzen schaden könnten. Sie dürfen als nützliche Schädlingsvertilger in keinem Garten fehlen. Wir können ihnen helfen, indem wir wilde Ecken mit Brennnesseln erlauben, Totholz liegen lassen und Katzen in der Wohnung halten, damit die Vögel ungefährdet ihren Aufgaben nachgehen können.

In einer Zeit, in der wir ständig daran erinnert werden, welche negativen Auswirkungen wir auf unsere Umwelt haben, ist es ebenso wichtig, auf unsere Erfolge im Naturschutz zu blicken. Überlege dir in deiner Umgebung, wie du Landschaften so verändern kannst, dass sich heimische Wildtiere ansiedeln. Beginne in deinem Garten oder am Balkon. Oft führen einfache Maß-

| Rotkehlchen

» **SOUNDSCAPE**
Rotkehlchen

nahmen zu blühenden Lebensräumen für Vögel und Menschen. Wähle heimische Pflanzen und Bäume, damit Vögel und anderen Wildtiere Nahrung finden. Lass abgestorbene Bäume nach Möglichkeit stehen, da sie natürliche Nist- und Schlafplätze für Vögel und kleine Säugetiere bieten. Lass dich inspirieren, etwas für zukünftige Generationen zu bewirken. Gib die Hoffnung nicht auf.

» Endlich habe ich es heute in meinen Gemüsegarten geschafft und begonnen, diesen für die nächste Anbausaison vorzubereiten. Beim Umgraben sind mir neben zahlreichen Regenwürmern auch Engerlinge und andere Larven untergekommen. Als ich aufblickte, fiel mir ein stiller Beobachter auf. Im nahen Unterholz saß ein Rotkehlchen, das interessiert mit seinen großen Augen auf den frisch geöffneten Boden im Gemüsebeet schaute. Ihm sind wohl auch die Würmer und Larven nicht entgangen. Es wartete wohl auf den Augenblick, in dem ich mich zurückziehe und das Buffet eröffne. Doch noch bin ich nicht fertig. Aus Sicht der Gärtnerin wäre es gut zumindest die Regenwürmer vor dem Vogel zu schützen und im Beet zu halten, damit die Erde locker und fruchtbar bleibt. Da höre ich ein paar hohe, klare Töne aus dem Strauchwerk, wie eine Flöte klingt sein melodischer Gesang. Als ob es mich mit seinem Lied von den Leckerbissen im Gemüsebeet ablenken möchte. «

Wenn du einen vielfältigen Lebensraum bietest, wirst du mit einer Vielfalt an Bewohnern belohnt.

» Sieh dich in deinem Garten um, glaubst du, dass er heimischen Vögeln und anderen Wildtieren geeignete Lebensbedingungen bietet?

» Könntest du einen natürlichen Lebensraum schaffen oder gestalten, der Wildtiere unterstützt?

» Was müsstest du ändern?

Hoffnung ist das gefiederte Ding,
das sich in der Seele niederlässt,
die Melodie ohne Worte singt und niemals aufhört.

~ Emily Dickinson

59

Wir sind verbunden

Jedes Lebewesen hat Grundbedürfnisse, die es befriedigen muss, um zu überleben. Es braucht Nahrung, Wasser, Versteckmöglichkeiten sowie Luft und Raum in seinem Umfeld, in seinem Lebensraum. Doch kein Lebensraum kann für sich allein bestehen, der Wald hängt ebenso mit der Wiese zusammen wie mit den Hecken und Sträuchern und dem Gewässer. Das Leben beruht auf dem Gleichgewicht der umgebenden Natur, den Wechselbeziehungen zwischen Lebewesen und ihrer Umwelt, sowohl auf kleinster Ebene als auch in einem übergeordneten, globalen System.

| Kohlmeise

| Blaumeise

| Tannenmeise

| Sumpfmeise

Die natürlichen, sogenannten ökologischen Zusammenhänge sind für das Überleben unerlässlich. Räuber-Beute-Beziehungen, Partnerfindung, Parasitismus, aber auch Konkurrenz sind nur einige Formen dieser Abhängigkeiten. Der Sperber lernt schnell, wo das Vogelhäuschen steht und dass manche gefiederten Gäste nicht aufmerksam sind. Sie werden schnell zu seiner Mahlzeit. Manche Vogelarten haben untereinander ähnliche Nahrungsansprüche, kommen aber in einem gemeinsamen Lebensraum vor. Um Konkurrenz zu vermeiden, spezialisieren sie sich. So finden Blaumeisen an den äußersten Spitzen der Bäume Insektennahrung, Kohlmeisen in Sträuchern und Büschen ebenso wie am Boden. Die Tannenmeise sucht nach Insekten an Nadelbäumen und Sumpf- und Weidenmeise picken ihre Beute von Totholz in feuchten Laubwäldern.

Die Beziehungen in der Natur sind unseren menschlichen Beziehungen sehr ähnlich. Auch wir sind voneinander und unserem Umfeld abhängig. Unsere Gemeinschaften sind mit Bedürfnissen verwoben, die direkt oder indirekt von anderen befriedigt werden. Wenn wir darüber nachdenken, wie wir leben, wird uns klar, dass wir auf andere angewiesen sind. Wichtiger noch, wir sind von anderen Arten in unserer Umwelt abhängig. Diese Zusammenhänge sind für unser Überleben von immenser Bedeutung.

Eine Krise ruft uns unsere Ansprüche ins Bewusstsein. In der Natur könnte dies der Verlust von Lebensraum, einer Nahrungsquelle oder des Brutplatzes sein. Als Menschen stehen wir in Krisen vor ähnlichen Unsicherheiten und Herausforderungen. Wir bemerken, dass sich unser Verhalten auf unsere Umwelt auswirkt. Es wird uns bewusst, dass wir nur leben und uns entfalten können, wenn wir uns umeinander und um einzelne Teile unseres Ökosystems kümmern. Das ist für das Wohlbefinden von Körper und Geist unentbehrlich.

Wir müssen nicht weit vor unsere Haustür gehen, um die Vernetzung in der Natur wahrzunehmen. Wenn wir innehalten, um die gegenseitige Abhängigkeit des Lebens zu erkennen und zu sehen, wie wir uns einfügen, können wir eine frische Perspektive für unser eigenes Leben finden. Wir sind, im Guten wie im Schlechten, mit der Welt um uns herum verbunden.

» Hast du dir schon einmal überlegt, wie es wäre, wenn weder Rotkehlchen noch Blaumeise noch Haussperling bei dir im Garten vorkommen? Kein Gurren der Türkentaube zu früher Morgenstunde, kein Abendgesang der Amsel? Wie wäre die Welt doch arm an optischen und akustischen Reizen. Vögel geben uns so viel, was geben wir ihnen zurück? «

Finde eine Abhängigkeit zwischen einem Vogel und einem anderen Lebewesen.

» Wie sind Vögel mit anderen Lebensformen verbunden?

» Meinst du, dass das Überleben eines Vogels von diesen Verbindungen abhängt?

» Könnte sich ein Vogel anpassen, um auch ohne diese Beziehung zu überleben?

» Inwiefern bist du von deiner Umwelt abhängig, in der du lebst?

» Bist du körperlich, seelisch oder geistig auf dein Umfeld angewiesen?

» Mit welchem Lebewesen in deinem Umfeld fühlst du dich am meisten verbunden? Bist du dankbar dafür?

Wenn man an einem einzigen Ding in der Natur zieht,
findet man es mit dem Rest der Welt verbunden.

~ John Muir

60

Der Spatz mal zwei

Jedem ist er bekannt, der kleine braune Vogel. In beinahe allen Lebensräumen findet man den Allerweltsvogel, den Spatz. Doch wer von uns schaut genau hin, wenn sich der kleine Freche die Brotkrümel vom Kaffeehaustisch holt? Hat er einen braunen oder einen grauen Kopf? Einen dunklen Wangenfleck oder ist er schlicht gekleidet? Zwei verschiedene Arten leben mit uns zusammen, der Haussperling im städtischen Raum, der Feldsperling im ländlichen. Gemein ist ihnen, dass sie einen Großteil ihres Lebens in Bodennähe verbringen. Daher tragen sie grundsätzlich ein an die Erde angepasstes Gefieder. Erde, Sand, Lehm, Gehölze, Gräser und Seggen sind die natürliche Kulisse für ein Spatzen-Leben.

Aus der Ferne mögen diese erdfarbenen Vögel eintönig erscheinen, aber wenn man das Glück hat sie aus nächster Nähe zu betrachten, dann findet man Schönheit im Detail. Zart gestreift wirken sie am schwarz-braunen Rücken, gemustert mit Farbflecken und ausgefallenen Kontrasten. Ihre Gestalt wirkt oft gedrungen und dickbäuchig, wenn sie sich mit kurzen Sprüngen auf dem Boden bewegen. Sie sind ständig auf der Suche nach Nahrung.

| Haussperlinge

Der Spatz ist der beste Freund der Pflanze. Die kecken Bodenbewohner fressen am liebsten Körner und Saatgut und tragen dadurch zur natürlichen Verbreitung der Samen bei. Dies ist eine perfekte Partnerschaft zwischen Spatz und Pflanze.

Spatzen werden unterschätzt und manchmal übersehen. Das kann einerseits für ihr Überleben nützlich sein, wenn sie unauffällig im Hintergrund leben. Aber wir können sie auch vergessen, wenn wir nicht aufpassen und zuhören. So verschwindet der Haussperling immer mehr aus unseren Städten. Die ständige Geräuschkulisse seines fröhlich-wirkenden Tschilpens gehört in manchen Großstädten bereits der Vergangenheit an.

» Im Winter versammeln sich Haus- und Feldsperling an der Futterstelle in meinem Garten, besonders bei nass-kaltem Wetter. Bunt gemischt ist die Schar, so dass ich den feinen Unterschied in Größe und Gefieder gut beobachten kann. Unauffällig, aber schön gemustert, wenn man genau hinschaut. Selten ist einer der geselligen Körnerfresser allein am Futterplatz. Sie holen sich auch Samen und Sonnenblumenkerne vom Boden, denn so sind es die ursprünglichen Steppenbewohner gewohnt. Dabei kann es schon zu kurzzeitigen, aber lautstarken Auseinandersetzungen unter den Spatzen kommen. In der Regel kehrt aber bald wieder Ruhe ein und es wird gesellig weitergefressen. «

Versetze dich in einen Tag im Leben eines Spatzen.

Beobachte genau. Achte auf Details.

» Wie würdest du den Spatz beschreiben?

» Wie ist seine Haltung, wenn er stillsitzt?

» Beachte seinen Schnabel. Wie sieht dieser aus, wie wird er eingesetzt?

» Sind Bewegungen des Vogels leicht zu verfolgen?

» Wenn du aufmerksam beobachtest, kannst du vorhersagen, was der Spatz als Nächstes tun wird?

»

Seht euch die Spatzen an; sie wissen nicht, was sie im nächsten Moment tun werden. Lasst uns buchstäblich von Augenblick zu Augenblick leben.

~ Mahatma Gandhi

» **SOUNDSCAPE**
Haussperling

Zusammenleben

Wo auch immer wir Menschen den Fuß hinsetzen, beeinflussen wir unsere natürliche Umgebung. Wir roden Wälder und wandeln sie in Ackerland oder Weideflächen um, wir entwässern Feuchtwiesen, wir versiegeln und bebauen. Danach renaturieren wir Flussläufe und Teiche, pflanzen Bäume und versuchen Moore wieder zu vernässen. Nicht alle Arten können sich an diese oft plötzlichen Veränderungen anpassen und überleben. Aber mit der Zeit erobert die Natur die Lebensräume, die wir umgestalten, und die Landschaften, die wir formen, zurück. Vögel sind mobil und daher recht anpassungsfähig. Sie entdecken umgehend neue Lebensräume und versuchen der Zerstörung ihrer alten Heimat auszuweichen.

Welche Arten gedeihen inmitten dieser Veränderungen? Wenn wir uns umsehen, finden wir einige Tiere, die gut mit uns Menschen zusammenleben. Einige Vögel erleben einen regelrechten Höhepunkt ihres Vorkommens in unserer Nähe, denn sie profitieren von unserer Lebensweise.

Vielleicht siehst du Beweise dafür sogar in deinem direkten Umfeld. Lebst du mit manchen dieser anpassungsfähigen Vögel zusammen?

| Straßentaube

» Oft höre ich Leute abfällig von der Straßentaube reden. Sie sei schmutzig, ernähre sich von Abfällen und übertrage Krankheiten. All dies in unseren sauberen Städten. Wenn man jedoch genau hinschaut, muss man die Tauben bewundern: Auf engstem Raum leben sie mit uns in Siedlungen zusammen, stören sich nicht an unserem geschäftigen Treiben, unserem Lärm, unserem Gestank. Sie finden Unterschlupf in Gebäudespalten, werden verjagt und suchen sich ein neues Zuhause, nicht weit entfernt vom vorigen. Sie lassen sich nicht so schnell entmutigen. Sind sie nicht wahre Überlebenskünstler? Und hübsch anzusehen sind sie – wenn man genau hinschaut. «

Manche gefiederten Wesen scheinen vom Zusammenleben mit uns zu profitieren

Welche Vögel in deiner Umgebung, findest du, sind am besten an das Leben mit Menschen angepasst? Diese verwilderten Tauben scheinen in städtischen Gebieten zu gedeihen, warum sind sie nicht überall?

» Bemerkst du Anpassungen, die einen Überlebensvorteil bieten?

» Wer kann sich deiner Meinung nach besser an seine Umgebung und an Veränderungen anpassen, Menschen oder Vögel?

» Welcher ist der häufigste Vogel, den du in deiner Umgebung siehst? Weißt du, warum er sich bei dir und in deiner Nachbarschaft so wohlfühlt?

Die Erde ist das, was wir alle gemeinsam haben.

~ Wendell Berry

62

Verkannte Schönheiten – die Tauben

Auf der ganzen Welt erkennbar, ist die Taube ein Symbol des Friedens und der Liebe. Aber Tauben sind mehr als die Symbole der Harmonie. Sie sind einige der allgegenwärtigsten Vögel auf dem Planeten, gekennzeichnet durch einen hervorragenden Orientierungssinn sowie kraftvoll schnellen Flügelschlag. Obwohl sie von bunt schillerndem Gefieder, schlichter Schönheit und unglaublicher Sportlichkeit sind, werden sie aufgrund ihres zahlreichen Vorkommens vielfach nicht geschätzt.

Tauben haben ihre größte Formen- und Artenvielfalt in Südasien bis Australien, die meisten leben auf Neuguinea. In Mitteleuropa gibt es fünf Taubenarten: die Ringeltaube, die Hohltaube, die Türkentaube, die Turteltaube und die Straßentaube. Hier sind Tauben für ihre Anpassungsfähigkeit an unseren städtischen Lebensstil bekannt. Alle Tauben haben eine ähnliche Körperform: unverhältnismäßig kleine Köpfe auf einem klobig-wirkenden, schweren Körper und einen langen Schwanz. Ihre Flügel sind breit, an den Enden laufen sie spitz zu und befähigen die Vögel zu einem schnellen Flug. Einige Tauben sind in der Lage, im Flug eine

| Türkentaube

Geschwindigkeit von über 55 km/h zu erreichen! Tauben können nicht nur schnell fliegen, sie können auch hervorragend navigieren. Da sie über einen ausgeprägten Orientierungssinn verfügen, geht man davon aus, dass Tauben Magnetfelder nutzen, um über Hunderte von Kilometern hinweg präzise an einem Ort anzukommen. Auch ihr Geruchssinn hilft bei der lokalen Richtungsfindung.

Die heute ausgestorbene Wandertaube ist ein Symbol für das vom Menschen verursachte Artensterben. Diese amerikanische Vogelart gab es einst in milliardenfacher Zahl. Ein Schwarm Wandertauben war ein Spektakel jenseits der heutigen Vorstellungskraft, ihre Wanderungen verdunkelten tagelang den Himmel und klangen wie Güterzüge, die über Menschen hinwegzogen. Diese Taube veranschaulicht jedoch, wie nahe Gedeih und Verderb beieinanderliegen können, vor allem wenn wir Menschen die Hand im Spiel haben. Der Himmel war schwarz, wenn eine Schar zum Brutplatz flog. Sie waren leichte Ziele und wurden massenhaft und schnell gejagt. Ohne Absicht wurden sie binnen einiger Jahrzehnte vollständig ausgerottet. Dies ist ein warnendes Beispiel für die Folgen menschlicher Einflüsse auf die Natur und die Anfälligkeit bestimmter Arten.

» Das dreisilbige „gu-guu gu" der Türkentaube ist eines der zeitigsten Balzlaute, die man im Siedlungsraum wahrnehmen kann. Bereits im Februar beginnen die Männchen zu gurren. Mit Balzflügen und dem charakteristischen Ruf versuchen sie die Aufmerksamkeit einer Partnerin zu bekommen. Für mich rufen diese Laute jedes Jahr wieder Frühlingsgefühle hervor. «

» **SOUNDSCAPE**
Türkentaube

Die schlichte Schönheit der Taube erkennen:

» Kannst du anhand der Gestalt eines Vogels diesen als Taube bestimmen?

» Welches Merkmal fällt dir auf, das auf eine Taube hinweist?

» Siehst du Tauben in Gruppen? Wenn ja, sind es große Schwärme?

» Wie fliegen Tauben? Bemerkst du schnelle Drehungen und Wendungen im Flug? Schlagen sie schnell mit den Flügeln?

» Am Boden haben Tauben einen ganz besonderen Laufstil. Was fällt dir auf, wenn du sie beim Gehen beobachtest?

» Wo finden Tauben und ihre Jungen Nahrung, sind sie wählerisch?

Zusätzlich zu ihrer Bedeutung von Liebe, Freiheit, Friede und Spiritualität glauben manche Menschen, dass Tauben Boten auf dem Weg zu persönlichem Wachstum und zur Heilung sind. Können wir durch aufmerksames Beobachten etwas darüber lernen, wie wir die Welt um uns herum deuten?

**Die Taube, auf silbernen Flügeln
flog sie friedlich dahin.**

~ James Montgomery

Vögel verbinden uns

Kennst du vielleicht jemanden, der noch nie Vögel beobachtet hat oder selten in die Natur hinausgeht? Nimm diese Person mit auf eine Entdeckungsreise, zeige ihr „deine" Vögel, wer sie sind, was sie machen und wo sie leben.

» Eines der größten Geschenke, das man einem anderen Menschen machen kann, ist Zeit geben. Zeit ist unser kostbarstes Gut, und sie ist begrenzt. Das Leben eines Menschen zu bereichern, indem man mit ihm Zeit in der Natur verbringt und ihm die Wunder und Freuden der Natur zeigt, erfüllt die Seele mit Glück. Ich liebe es Menschen Vögel zu zeigen und sie einzuladen, etwas Neues und Überraschendes zu erleben. Die Freude am Entdecken. Türen zu öffnen zu dem, was genau dort auf sie wartet, wenn sie sich selbst die Zeit nehmen, hinzusehen. Und wenn sie das tun, hoffe ich, dass sie es eines Tages weitergeben. «

Der Austausch von Erfahrungen in der Natur und mit Vögeln kann für andere Menschen unglaublich bedeutsam sein.

Kannst du jemandem den Tag verschönern, indem du ihn mitnimmst zur Vogelbeobachtung, ihn mit der Natur in Verbindung bringst?

» Wie hat diese Person reagiert und wie hast du dich dabei gefühlt?

» Was hast du gelernt, als du jemandem gezeigt hast, wie du dich mit Vögeln oder der Natur verbindest?

» Gab es für dich einen Höhepunkt in dieser Erfahrung?

Mach jemandem eine Freude.

Ein Herz, das gibt, sammelt.

~ Tao Te Ching

NACHWORT

Die Beobachtung frei lebender Vögel in ihrer unerschöpflichen Vielfalt tut uns gut. Wir erleben eine Pause in unserem Alltag und tauchen mit den Vögeln in die Natur ein. Vögel lenken uns von den Geschehnissen in unserem eigenen Leben ab. Sie lenken unsere Emotionen und unsere geistige Energie vorübergehend um. Vögel geben uns Kraft und können uns körperlich, geistig und seelisch heilen.

Umgekehrt sind Vögel auf uns Menschen angewiesen, auf diejenigen von uns, die sich um sie kümmern, sich bemühen ihre Zukunft zu sichern. Wir stecken in einer ökologischen Krise gewaltigen Ausmaßes, die wir nur gemeinsam bewältigen können, indem wir Veränderungen in unserer Umwelt wahrnehmen und uns achtsam in der Natur verhalten. Wir brauchen Vögel in ihrer Schönheit, Vielfalt und mit all ihren Geheimnissen.

| *Großer Brachvogel*

DANKSAGUNG

Ein besonderer Dank geht an Crossley Books, Richard Crossley und Sophie Crossley, die dazu beigetragen haben, das Konzept, dass die Vogelbeobachtung unserem allgemeinen Wohlbefinden zugutekommen kann, zu verbreiten. Dieses Buch wurde inspiriert von dem US-amerikanischen Buch „Ornitherapy: For Your Mind, Body, and Soul" von Holly Merker, Richard Crossley, Sophie Crossley, Crossley Books, 2021, das mit der Bronze-Medaille des Buchpreises für unabhängige Verlage im Jahr 2022 ausgezeichnet wurde. Einige Abschnitte und Inhalte dieses Buches sind direkt übersetzt und zitiert.

Dieses Buch wäre nicht zustande gekommen ohne die Mithilfe und Toleranz unseres sozialen Umfelds: Zunächst richtet sich unser Dank an unseren Verlag. Wo andere abgelehnt haben, hat Herr Wolf Ruzicka eine Chance für „Die Kraft der Vogelbeobachtung" im deutschsprachigen Raum gesehen. Ohne die Lektorin Dorothea Forster und die Grafikerinnen Jessica Kandler und Regina Raml-Moldovan des Verlags wäre das Buch nicht so gelungen, wie es ist. Herzlichen Dank an alle Naturfotografen, die das Buch zu einem einmaligen visuellen Erlebnis machen. Ihre jeweiligen Beiträge sind im hinteren Teil des Buches aufgelistet. Unser besonderer Dank gilt Christiane Geidel für die Zeichnungen im Buch und Beatrix Saadi-Varchmin für die Bereitstellung ihrer einmaligen Tonaufnahmen verschiedenster Vogelarten.

Dank gebührt auch unseren Familien, Freund*innen und Kolleg*innen für Diskussion und Kommentare zu verschiedenen Phasen des Buches.

Angelika und Holly hat es Spaß gemacht, von beiden Seiten des Atlantiks aus gemeinsam an diesem Buch zu arbeiten. Sie fühlen sich verbunden durch ihre Leidenschaft zur aufmerksamen Vogelbeobachtung. Und genau diese hat ihnen auch die ersehnte Abwechslung während des Schreibens des Buches gebracht.

VOGELWISSEN VON A–Z

Albatrosse
Diomedeidae

Eine Familie großer Seevögel mit sehr langen und schmalen Flügeln; 21 Arten weltweit, vor allem in den südlichen Ozeanen

Albinismus

Farbabweichung des Gefieders und anderer Körperteile aufgrund eines Gendefekts. Der Körper kann keine dunklen Farbpigmente (Melanine) produzieren. Daher hat der Vogel eine helle Haut- und Federnfarbe. Man erkennt Albinismus auch an den roten Augen, denn ohne Melanin ist die Iris durchsichtig und die Äderchen im Auge schimmern durch. Der ganze Vogel ist betroffen (vgl. Leuzismus).

Baumläufer
Certhiidae

Eine Familie kleiner Singvögel, die an Baumstämmen nach Insektennahrung sucht; in Deutschland zwei Arten; Garten- und Waldbaumläufer

Biologische Systematik

Lebewesen werden nach ihrer stammesgeschichtlichen Verwandtschaft in verschiedenen Kategorien geordnet, hier am Beispiel der Klasse Aves (Vögel), speziell anhand der Amsel:

○ Ordnung – Endung auf *-formes*, *Passeriformes*. ○ Familie – Endung auf *-idae*, *Turdidae*. ○ Gattung (*Genus*)* *Turdus*. ○ Art (*Spezies*) – *merula*.

Bussarde
(Accipitridae)

Mittelgroße Greifvögel aus der Familie der Habichtartigen; meist mit breiten Flügeln und kurzem Schwanz; häufigste Art Mitteleuropas ist der Mäusebussard

Bürzeldrüse

Eine Hautdrüse an der Oberseite der Schwanzwurzel, die ein öliges Sekret bildet, mit dem Vögel mit Hilfe ihres Schnabels ihre Federn einfetten und dadurch ihr Gefieder wasserabweisend machen

Eulen
Strigiformes

Nachtaktive Greifvögel; 13 Arten in Europa

Falken
Falconidae

Tagaktive Vogelfamilie mit meist langem Schwanz und spitzen Flügeln; in ihrer Lebensweise ähnlich den Greifvögeln, sind aber näher mit Papageien und Sperlingsvögeln verwandt (gemäß neuesten molekulargenetischen Untersuchungen); 65 Arten in Europa

Finken
Fringillidae

Sperlingsgroße Singvögel, viele verschiedene Arten

Flamingos
Phoenicopteridae

Vögel mit langen, dünnen Beinen, langem Hals und rosa Gefieder; in Europa nur der Rosaflamingo

Fliegenschnäpper
Muscicapidae

Eine Vogelfamilie aus der Ordnung der Sperlingsvögel (*Passeriformes*); kleine Vögel mit großem Kopf und großen Augen, nah verwandt mit Drosseln

Grasmücken,

auch Grasmückenartige (*Sylviidae*) genannt – eine Vogelfamilie aus der Ordnung der Sperlingsvögel (*Passeriformes*); kleine Singvögel mit mehreren Arten in Europa , die bekannteste Vertreterin ist die Mönchsgrasmücke

Gründelente,

auch Schwimmente genannt – die artenreichste Gruppe in der Familie der Entenvögel (*Anatidae*); im Gegensatz zur Gruppe der Tauchenten suchen sie Nahrung von der Wasseroberfläche aus, fressen gründelnd (vgl. Tauchente)

Kolibri
Trochilidae

Eine Familie kleiner, nektarfressender Vögel aus Süd-, Mittel- und Nordamerika; verwandt mit den Seglern (*Apodidae*)

Krähen

Mit den Raben nahe verwandte Vögel, die in derselben Gattung (*Corvus*) sind

Leuzismus

Farbabweichung des Gefieders aufgrund einer Defekt-Mutation. Sie führt dazu, dass manche Federn weiß sind, da die Haut dort keine farbstoffbildenden Zellen, Melanozyten, bildet. Im Gegensatz zum Albinismus sind meist nur bestimmte Körperpartien betroffen. Der Vogel ist gefleckt oder hat zum Beispiel einen weißen Kopf. Der Schnabel und die Augen haben immer eine normale Färbung (vgl. Albinismus).

Mauser

Regelmäßiger Prozess, bei dem alle Federn abgeworfen werden und neue nachwachsen, erfolgt nach artspezifischen Regeln und Mustern

Meisen

Paridae

eine Vogelfamilie aus der Ordnung der Sperlingsvögel (*Passeriformes*); häufigste Vertreter sind Blaumeise und Kohlmeise

Mobben

oder Hassen – beschreibt das Verhalten vieler Vogelarten mittels lauter Alarmrufe, Scheinangriffen und anderer Methoden potenzielle Feinde zu vertreiben und Artgenossen vor diesen zu warnen

Nestflüchter

Jungvögel, die beim Schlüpfen aus dem Ei bereits so entwickelt sind, dass sie das Nest sofort verlassen und den Eltern nachfolgen können (vgl. Nesthocker)

Nesthocker

Jungvögel, die ohne vollständiges Dunenkleid aus dem Ei schlüpfen, und meist vollständig nackt und anfangs auch blind sind. Sie verbringen mehrere Tage bis Wochen im Nest, wo sie von den Eltern versorgt werden (vgl. Nestflüchter)

Ökosystem

Umfasst den Lebensraum von Tieren, Pflanzen und Pilzen und die Lebewesen, die darin vorkommen

Orni-Kollege

Ein Kollege oder eine Kollegin, der/die sich mit der Vogelbeobachtung oder der Vogelkunde (Ornithologie) beschäftigt

Ornithologie

Vogelkunde

Pelikane
Pelecanidae

Eine Familie von Wasservögeln, charakteristisch ist der lange Schnabel mit dehnbarem Kehlsack, den sie beim Fischen als Kescher verwenden

Pfaue

Eine Gruppe von Vögeln in der Familie der Fasanenartigen (*Phasianidae*), die auf das tropische Asien beschränkt ist; in Europa wird der Pfau als Ziervogel oft in Gärten oder Parks gehalten.

Pieper
Anthus

Eine Vogelgattung der Singvögel; schlanke, in der Regel unauffällig gefärbte Insektenfresser

Prädator

Ein Raubtier oder Beutegreifer, der sich von anderen Tieren ernährt, dazu gehören zum Beispiel Mäusebussard oder Sperber (vgl. Spitzenprädator)

Rabenvögel
Corvidae

Eine Vogelfamilie aus der Ordnung der Sperlingsvögel (*Passeriformes*) dazu gehören u. a. Kolkrabe, Rabenkrähe, Dohle, Elster und Eichelhäher.

Schwirle
Locustella

Eine Gattung kleiner bis mittelgroßer Singvögel; meist braun oder grau gefärbt, mit charakteristischem Gesang einiger Arten, der dem Gesang von Insekten sehr ähnlich ist; der Feldschwirl ist ein Vertreter dieser Gattung.

Soundscape

Eine Klanglandschaft; bezeichnet alle belebten und unbelebten Laute und Geräusche, die in einem Lebensraum vorkommen

Spitzenprädator

Ein Raubtier, das an der Spitze einer Nahrungskette steht, auf der sich sämtliche Pflanzen- und Tierarten nacheinander aufreihen (vgl. Prädator)

Stelz- und Schreitvögel

Eine nach neuesten genetischen Untersuchungen der Verwandtschaftsverhältnisse der Vögel alte Ordnung, die Störche, Reiher, Ibisse und andere langbeinige Vögel zusammenfasste

Tauben
Columbidae

Eine artenreiche Familie der Vögel, mit kräftigem Körperbau und relativ kleinem Kopf, der sich beim Gehen vor und zurück bewegt; heimische Taubenarten lassen sich am besten anhand der Färbung am Nacken erkennen.

Tauchente

Eine Gruppe in der Familie der Entenvögel (*Anatidae*); im Gegensatz zu den Gründelenten, tauchen sie zum Gewässergrund, um Nahrung zu finden (vgl. Gründelente)

Watvögel

auch **Limikolen** – Bezeichnung zahlreicher Arten und Gattungen der Regenpfeiferartigen (*Charadriiformes*); Vögel, die oft im Schlamm oder am Gewässerrand nach Insekten suchen

| Blaukehlchen

Anmerkungen

Aufenthalt in der Natur tut gut:
1   Cox, RAF (1979). Ornitherapy. British Medical Journal (4 August), 324.

Louv, Richard. The Nature Principle: Human Restoration and the End of Nature-Deficit Disorder. Algonquin Books; 1st Edition (10. Mai 2011)

Selhub, Eva M. & Logan, Alan C. Your Brain on Nature: The Science of Nature's Influence on Your Health, Happiness, and Vitality. Collins; Reissue edition (1 April 2014)

Williams, Florence. The Nature Fix, Why Nature Makes Us Happier, Healthier, and More Creative. WW Norton & Co; 1st edition (7 Feb. 2017)

2   Wilson, Edward O. Biophilia. Harvard University Press (1 Sept. 1984)

3   Kaplan, R. (1984). Impact of urban nature: A theoretical analysis. Urban ecology, 8(3), 189-197.

Kaplan, Rachel & Kaplan, Stephen. The experience of nature: A psychological perspective. Cambridge University Press; 1. Edition (28. Juli 1989)

4   Ulrich, R. S. (1983). Aesthetic and affective response to natural environment. In Behavior and the natural environment (pp. 85-125). Springer, Boston, MA.

Ulrich, R. S., Simons, R. F., Losito, B. D., Fiorito, E., Miles, M. A., & Zelson, M. (1991). Stress recovery during exposure to natural and urban environments. Journal of environmental psychology, 11(3), 201–230.

5   Bernjus, Annette (2018). Waldbaden: Mit der heilenden Kraft der Natur sich selbst neu entdecken. mvg Verlag (16. April 2018)

6   Li, Qeng (2018). Die wertvolle Medizin des Waldes: Wie die Natur Körper und Geist stärkt. Rowohlt Taschenbuch; 1. Edition (24. Juli 2018) – Originaltitel: Shinrin-Yoku: The Art and Science of Forest Bathing.Institut für Waldmedizin und Waldtherapie: https://www.im-wald-sein.com/

Internationale Gesellschaft für Natur- und Forstmedizin: https://www.infom.org/

Vogelgesang steigert menschliches Wohlbefinden:
7   Stobbe, E., Sundermann, J., Ascone, L. et al. (2022) Birdsongs alleviate anxiety and paranoia in healthy participants. Sci Rep 12, 16414.
https://www.mpib-berlin.mpg.de/news/press-releases/listen-birdsong-is-good-for-mental-health

8   Max-Planck-Gesellschaft Nachrichtenzentrale: Vogelgezwitscher ist gut für die mentale Gesundheit: https://www.mpg.de/19363444/vogelgezwitscher-mentale-gesundheit

Vögel zu uns locken:
9   An Stationen zur Vogelberingung oder zum Integrierten Monitoring von Singvogelpopulationen kannst du in Deutschland, Österreich und der Schweiz Vögel ganz nah erleben:

○ DEUTSCHLAND

Institut für Vogelforschung *Vogelwarte Helgoland*, Wilhelmshaven, Niedersachsen zuständig für Norddeutschland mit NRW und Hessen: https://ifv-vogelwarte.de/markierungszentrale

Beringungszentrale Hiddensee, Vorpommern zuständig für Ostdeutschland: https://www.beringungszentrale-hiddensee.de/

Max-Planck-Institut für Ornithologie – *Vogelwarte Radolfzell*, Radolfzell am Bodensee, Baden-Württemberg zuständig für Bayern, Baden-Württemberg, Saarland und Rheinland-Pfalz: https://www.ab.mpg.de/249462/fiedler

○ SCHWEIZ
Schweizerische *Vogelwarte Sempach*: https://www.vogelwarte.ch/de/home/

○ ÖSTERREICH
Österreichische Vogelwarte & Beringungszentrale: https://www.vetmeduni.ac.at/klivv/oesterreichische-vogelwarte/beringungszentrale/

○ BAYERN
Stationen zum *Integrierten Monitoring von Singvogelpopulationen* (IMS):

• IMS Hembrechts (Rudroff Wolfrum, info@klaus-wolfrum.de)

• IMS Abenberg (Klaus Bäuerlein, klaus-baeuerlein@t-online.de)

- IMS Burgebrach (Lukas Sobotta, Thomas Ziegler, bartssog@gmail.com)
- IMS Drathinsel Nößwartling (Markus Schmidberger, markus.schmidberger@lbv.de)
- IMS Pittriching (Stefan Höpfel, stefan.hoepfel@lbv.de)

10 Tipps für die Verwendung und den Kauf eines *Fernglases oder Spektivs*:
https://www.nabu.de/natur-und-landschaft/natur-erleben/foto-film-optik/tipps/04869.html

11 Tipps für einen vogelfreundlichen Garten:
https://www.lbv.de/mitmachen/fuer-einsteiger/projekt-vogelfreundlicher-garten/ oder
https://www.birdlife.at/page/vogelschutz-ums-haus

Aufmerksam beobachten

12 Tipps zur Vogelfütterung: https://www.lbv.de/ratgeber/lebensraum-garten/richtig-fuettern/
YouTube Video: https://www.lbv.de/ratgeber/lebensraum-garten/richtig-fuettern/

Unsere digitalen Begleiter

13 Zum Mitmachen – *Citizen Science Projekte*:
- Stunde der Gartenvögel: https://www.lbv.de/mitmachen/stunde-der-gartenvoegel/
- Stunde der Wintervögel: https://www.lbv.de/mitmachen/stunde-der-wintervoegel/
- ersten Kuckuck melden: https://www.lbv.de/naturschutz/artenschutz/voegel/kuckuck/
- Wiedehopf melden: https://www.lbv.de/naturschutz/arten-schuetzen/voegel/wiedehopf/wiedehopf-melden/
- schwalbenfreundliches Haus: https://www.lbv.de/ratgeber/lebensraum-haus/voegel-am-haus/schwalben/schwalbenfreundliches-haus/
- das Vogelkonzert vor der Haustür aufnehmen – Dawn Chorus: https://www.lbv.de/mitmachen/fuer-einsteiger/dawn-chorus-2020/

Den Alltag ausblenden

14 Schafer, R. M. (1993). The soundscape: Our sonic environment and the tuning of the world. Destiny Books (1977, Erstauflage).

Vogelbeobachtung tut gut

15 Hunter, M. R., Gillespie, B. W., & Chen, S. Y. P. (2019). Urban nature experiences reduce stress in the context of daily life based on salivary biomarkers. Frontiers in Psychology, 10, 722.

16 Hepburn, L., Smith, A. C., Zelenski, J., & Fahrig, L. (2021). Bird diversity unconsciously increases people's satisfaction with where they live. Land, 10(2), 153.

17 Cox, Daniel T. C., Shanahan, Danielle F., Hannah L. Hudson, Kate E. Plummer, Gavin M. Siriwardena, Richard A. Fuller, Karen Anderson, Steven Hancock, Kevin J. Gaston. Doses of Neighborhood Nature: The Benefits for Mental Health of Living with Nature. BioScience, (2017). biw173 DOI: 10.1093/biosci/biw173

18 Methorst, J., Rehdanz, K., Mueller, T., Hansjürgens, B., Bonn, A., & Böhning-Gaese, K. (2021). The importance of species diversity for human well-being in Europe. Ecological Economics, 181, 106917.

19 Hammoud, R., Tognin, S., Burgess, L., Bergou, N., Smythe, M., Gibbons, J., Davidson, N., Bakolis, J. & Mechelli, A. (2022). Smartphone-based ecological momentary assessment reveals mental health benefits of birdlife. Scientific Reports, 12(1), 1-9.

20 Kals, E., Freund, S., & Zieris, P. (2021). LBV-Präventionsprojekt: Alle Vögel sind schon da – Vogelbeobachtung in vollstationären Pflegeeinrichtungen. Abschlussbericht der wissenschaftlichen Begleitstudie (Oktober 2017 bis September 2020).

Vogel-Athleten

21 Projekt ICARUS (Internationale Kooperation zur Beobachtung von Tieren aus dem Weltraum): https://www.icarus.mpg.de/de

22 Animal-Tracker App furs Smartphone: https://www.icarus.mpg.de/4331/animal-tracker-app

Nächtlicher Vogelzug

23 Informationen zur Auswertung von Flugruf-Aufnahmen: https://nocmig.com/; und https://soundapproach.co.uk/.

Nahrung für den Geist
24 „Alle Vögel sind schon da" – Vogelbeobachtung in vollstationären Pflegeeinrichtungen: https://www.lbv.de/umweltbildung/fuer-seniorenheime/

Aasfresser
25 Auswilderung des Bartgeiers in den bayerischen Alpen: https://www.lbv.de/naturschutz/arten-schuetzen/voegel/bartgeier/.

Musik der Natur
26 Micha Luhn, XC661184. Abrufbar auf www.xeno-canto.org/661184.

Beatrix Saadi-Varchmin, XC484767. Abrufbar auf www.xeno-canto.org/484767.

Grzegorz Lorek, XC741892. Abrufbar auf www.xeno-canto.org/741892.

27 Raven Lite ist ein kostenloses Softwareprogramm, mit dem man Klänge als Spektrogramm und Wellenform aufnehmen, speichern und visualisieren kann: https://ravensoundsoftware.com/software/raven-lite/

Was verbirgt sich in einem Lied?
28 Ferreri, L., Mas-Herrero, E., Zatorre, R. J., Ripollés, P., Gomez-Andres, A., Alicart, H., ... & Rodriguez-Fornells, A. (2019). Dopamine modulates the reward experiences elicited by music. Proceedings of the National Academy of Sciences, 116(9), 3793-3798.

29 Earp, S.E. & Maney, D.L. (2012). Birdsong: is it music to their ears? Front. Evol. Neurosci. Volume 4, Article 14.

30 Ferraro, D. M., Miller, Z. D., Ferguson, L. A., Taff, B. D., Barber, J. R., Newman, P., & Francis, C. D. (2020). The phantom chorus: Birdsong boosts human well-being in protected areas. Proceedings of the Royal Society B, 287(1941), 20201811.

31 Ratcliffe, E., Gatersleben, B., & Sowden, P. T. (2013). Bird sounds and their contributions to perceived attention restoration and stress recovery. Journal of Environmental Psychology, 38, 221-228. doi:10.1016/j.jenvp.2013.08.004

32 Campbell, S., Frohlich, D., Alm, N., & Vaughan, A. (2019, October). Sentimental audio memories: exploring the emotion and meaning of everyday sounds. In: Dementia lab conference (pp. 73-81). Springer, Cham.

33 Bernardi, L., Porta, C., Casucci, G., Balsamo, R., Bernardi, N. F., Fogari, R., & Sleight, P. (2009). Dynamic interactions between musical, cardiovascular, and cerebral rhythms in humans. Circulation, 119(25), 3171-3180.

Offen für Neues
34 Ob Spatz, Schwalbe, Mauersegler, Turmfalke, Dohle oder Fledermaus - alle diese Arten haben sich als „Kulturfolger" an den Lebensraum Stadt angepasst und leben oft mit uns Menschen unter einem Dach. Der LBV bietet Informationen, Praxistipps und Beratungsangebote zum Schutz von Gebäudebrütern: https://botschafter-spatz.de/gebaeudebrueter/; Häuser, an denen Schwalben willkommen sind, werden vom LBV mit einer Plakette ausgezeichnet: https://www.lbv.de/ratgeber/lebensraum-haus/voegel-am-haus/schwalben/schwalbenfreundliches-haus/

35 Bauanleitung für diverse Vogelnistkästen: https://www.lbv.de/ratgeber/lebensraum-garten/nistkaesten/nistkaesten-bauanleitungen/

Im gesamten Buch
Conradi, Arnulf. Zen und die Kunst der Vogelbeobachtung. Verlag Antje Kunstmann; 1. Edition (6. März 2019)

| *Moorente*

Liste der Zitatgeber

- Äsop (6. Jh. v. Chr.), antiker griechischer Dichter von Fabeln und Gleichnissen
- Attenborough, David Sir (1926–), britischer Tierfilmer, Naturforscher und Schriftsteller
- Barnes, Simon (zeitgen.), englischer Journalist und Autor
- Berry, Wendell (1934–), US-amerikanischer Essayist, Dichter, Romancier, Umweltaktivist, Kulturkritiker und Landwirt
- Blake, William (1757–1827), englischer Dichter, Naturmystiker, Maler und Erfinder der Reliefradierung
- Campbell, Joseph (1904–1987), US-amerikanischer Professor und Publizist
- Chaplin, Charlie (1889–1977), britischer Schauspieler, Regisseur, Drehbuchautor, Schnittmeister, Komponist, Filmproduzent und Komiker
- Conradi, Arnulf (1944–), Gründer und frühere Verleger des Berlin Verlages, Autor
- Darwin, Charles (1809–1882), britischer Naturforscher, aufgrund seiner Beiträge zur Evolutionstheorie einer der bedeutendsten Naturwissenschaftler
- Dickinson, Emily (1830–1886), amerikanische Dichterin
- Edge, Rosalie (1877–1962) Amerikanische Umweltschützerin und Frauenrechtlerin
- Einstein, Albert (1879–1955), Physiker
- Emerson, Ralph Waldo (1803–1883), amerikanischer Philosoph und Schriftsteller
- Frankl, Viktor Emil (1905–1997), österreichischer Neurologe und Psychiater
- Furuya, Kensho (1948–2007), Autor, Sōtō Zen Priester und Lehrer von Aikido und Iaido
- Gandhi, Mahatma (1869–1948), indischer Rechtsanwalt, Publizist, Morallehrer, Asket und Pazifist, der zum geistigen und politischen Anführer der indischen Unabhängigkeitsbewegung wurde
- Glatz, Helmut (193–2021), Autor von Kinderbüchern und fantastischen Geschichten
- Goethe, Johann Wolfgang von (1749–1832), deutscher Dichter und Naturforscher
- Goodrich, Richelle E. (1968–), US-amerikanische Musikerin
- Heinrich, Bernd (1940–), deutschamerikanischer Biologe und Professor für Biologie an der Universität Vermont; Autor, zum Beispiel, Winter World: The Ingenuity of Animal Survival
- Hippokrates (460–370 v.Chr.), griechischer Arzt und Lehrer
- Holmes, Reginald Vincent (o. D.), Dichter
- Humboldt, Alexander von (1769–1859), deutscher Forschungsreisender
- Juniper, Tony (1960–), Vorsitzender von Natural England, Autor zahlreicher Bücher zu Themen des Naturschutzes und der Nachhaltigkeit
- Kandinsky, Wassily (1866–1944), russischer Maler und Graphiker
- Kingston, Rodger US-amerikanischer Dokumentarfotograf
- Lao Tzu (6. Jh. v. Chr.), legendärer chinesischer Philosoph, Begründer des Daoismus (Taoismus)
- Leopold, Aldo (1887–1948), US-amerikanischer Forstwissenschaftler, Wildbiologe, Jäger und Ökologe
- Lynd, Robert (1892–1970), US-amerikanischer Soziologe und Professor an der Columbia University, New York
- Macdonald, Helen (1970–) Englische Autorin und Naturforscherin
- McQueen, Alexander (1969–2010), britischer Modedesigner
- Montgomery, James (1771–1854), britischer Schriftsteller und Herausgeber
- Muir, John (1838–1914), schottisch-US-amerikanischer Naturphilosoph und Autodidakt; betätigte sich als Naturalist, Entdecker, Schriftsteller, Erfinder, Ingenieur und Geologe
- Oliver, Mary (1935–2019), US-amerikanische Dichterin
- Peerless, April (zeitgen.), Bloggerin
- Ross, Orna (1960–), Pseudonym von Aine McCarthy, eine irische Autorin, ehemalige Literaturagentin, Bloggerin und Verfechterin des Kreativismus

- Rückert, Friedrich (1788–1866), deutscher Dichter, Sprachgelehrter und Übersetzer sowie einer der Begründer der deutschen Orientalistik (Buch: Die Weisheit des Brahmanen, Bd. 1. Leipzig, 1836)
- Rumi (1207–1273), ein persischer Sufi-Mystiker, Gelehrter und einer der bedeutendsten persisch-sprachigen Dichter des Mittelalters
- Ruskin, John (1819–1900), britischer Schriftsteller und Maler
- Schneiderath, Günter (1939–2005), niederrheinischer Dichter und Aphoristiker
- Simmons, Gene (1949-), israelisch-amerikanischer Musiker
- Shamir, Ilan (1951–), Künstler
- Taleb, Nassim (1960–), Essayist und Forscher
- Tao Te Ching (400 v. Chr.), klassischer chinesischer Text, der um 400 v. Chr. geschrieben wurde und traditionell dem Weisen Laozi zugeschrieben wird
- Thich Nhat Hanh (1926–2022), vietnamesischer buddhistischer Mönch, Schriftsteller und Lyriker; Auszug aus dem Buch „Mein Leben ist meine Lehre"
- Tolle, Eckhart (1948–), deutscher Autor
- Vinci, Leonardo da (1452–1519), italienischer Maler, Bildhauer, Architekt, Anatom, Mechaniker, Ingenieur und Naturphilosoph
- Wade, Cleo (1989–), amerikanische Künstlerin, Dichterin, Aktivistin und Autorin
- Weidensaul, Scott (1959–), US-amerikanischer Ornithologe und Autor
- Wilson, Edward O. (1929–2021), US-amerikanischer Insektenkundler und Biologe, der durch seine Beiträge zur Evolutionstheorie und Soziobiologie bekannt wurde
- Wordsworth, William (1770–1850), britischer Dichter und führendes Mitglied der englischen Romantikbewegung
- Young, Robyn (1975–), englische Autorin historischer Fiktion

| *Blaumeise*

Fotografen

Baumgartner Josef – S. 56

Bock Wolfgang – S. 22

Bosch Christoph – Coverrücken (Milan), S. 106, 196, 206

Bosch Marcus – S. 15, 42, 142

Bria Peter, S. 28; 45, 64 (Garten), 89, 242

Dr. Broders Olaf – S. 16, 82, 146

Deinzer Stefan, S. 245

Derer Frank – S. 76, 96, 102, 115, 120, 121, 157, 170, 178, 258 (Sumpfmeise)

Fünfstück Hans-Joachim – S. 143, 168, 228

Geidel Christiane – Zeichnungen (Fernglas, Teichhuhn, Schwalben, Sperlinge, Schnabeltypen, Amsel, Feder, Goldhähnchen) S. 129, 207

Giessler Andreas – S. 23, 152

Dr. Gill Lisa, S. 226

Gläßel Markus – S. 44, 112, 203, 241, 258 (Kohlmeise), 283, 285

Hall Jean – S. 71

Hartl Andreas – S. 149, 164 (Gartenbaumläufer), 241 (Frühlingsknotenblume)

Henderkes Herbert – S. 104, 132, 179, 239, 248

Hopf Dieter – S. 97, 124, 199

Krumenacker Thomas – S. 184

Dr. v. Lindeiner Andreas – S. 187

Lorenz Wolfgang – S. 93, 272

Masur Stefan – S. 151

McNamara John – S. 35

Merker Dave – S. 34

Dr. Moning Christoph – S. 138, 139, 180, 214, 261, 266

Dr. Nelson Angelika – S. 235

Dr. Nelson Doug – rundes Foto von Angelika Nelson im Buch, S. 12, 108

Nixdorf Gerhard – S. 212 (Tony Wegscheider)

Obster Erich – Coverinnenseite Stieglitz, S. 70, 91

Oeltjen Kari – rundes Foto von Holly im Buch

Rittscher Ingo – S. 67, 159, 208

Rößner Rosl – Coverklappe (Türkentauben) S. 33, 49, 50, 54, 65, 85, 128, 163, 174, 200, 221(Uhuauge), 223, 236, 258 (Blaumeise), 264, 274

Schirutschke Monika – S. 78

Staab Thomas – S. 64 (Fernglas), S. 86

Steininger Kim – Portrait von Holly auf S. 12

Straub Richard – S. 210, 212

Sturm Ralph – S. 5, 31, 60, 62, 75 (Eichelhäher), 134, 171, 177, 190, 238, 255

Tunka Zdenek – Coverfront (Kraniche), S. 25, 41, 58, 80, 110, 117, 127, 144, 193, 221 (Lachmöwe), 231, 249, 258 (Tannenmeise)

Tuschl Heinz – S. 160

Wittig Oliver – S. 252

Zieger Gunther – Coverinnenseite (Rebhühner) S. 48, 100, 271, 280

© Adobe Stock: Alex (Watercolor Hintergrund) / Olga Rai (Info Kopf) /Günter Albers S. 19 / Eric Isselée S. 26, 173, 215 / proslgn S. 27 / Anna S. 36 / Masson S. 53 / hfox S. 57 / Tatiana S. 66, 84, 156/ Comauthor (Puzzle) S. 75 / MarianaS. 99 /nickolae S. 107 / gavran333 S. 111 / Colin S. 125 / Rolf Müller S. 135 / pimmimemom S. 136 / Björn Wylezich S. 161 / Arnau S. 164 (Freisteller) / J.C.Salvadores S. 166 / fotomaster S. 167 / Michael S. 175 / Wenona Suydam S. 188, 189 /lapis2380 S. 192 / alex reed/EyeEm S. 217 / lesniewski (Karte) S. 224 / santima.studioS. 224 (pin icon) / sg-naturephoto.com S. 233 / gerwbosma S. 256 / SerkanMutan S. 257 / WildMedia S. 263 / peopleimages.com S. 269

Weiterführende Literatur

- Dubois, Philippe J. (Autor), Rousseau, Élise (Autor), Liebl, Elisabeth (Übersetzer). Kleine Philosophie der Vögel: 22 federleichte Lektionen für uns Menschen. Droemer HC; 4. Edition (1. Oktober 2019)
- Merker, Holly, Crossley, Richard, Crossley, Sophie (2021), Or-nitherapy: For Your Mind, Body, and Soul. Crossley Books
- Romberg, Johanna. Federnlesen: Vom Glück, Vögel zu beobachten. Bastei Lübbe (Lübbe Ehrenwirth); 4. Aufl. 2018 Edition.
- Watts, Tammah. Keep Looking Up - Your guide to the powerful healing of birdwatching. Hay House Inc. (7. März 2023)
- Weidensaul, Scott. A World on the Wing: The Global Odyssey of Migratory Birds. W. W. Norton & Company (30 Mar. 2021)
- Young, Jon. What the Robin Knows: How Birds Reveal the Secrets of the Natural World. Mariner Books; Reprint edition (21 May 2013)

Weiterführende Quellen

- Tipps zur Vogelbeobachtung bekommst du unter anderem beim LBV: https://www.lbv.de/ratgeber/tipps-voegel-bestimmen/tipps-zur-vogelbeobachtung/, bei BIRDLIFE ÖSTERREICH: https://www.birdlife.at/page/birdwatching
- sowie in den YOUTUBE VIDEOS – Ornithologie für Anfänger von Kalle Nibbehagen: https://www.youtube.com/c/OrnithologiefürAnfänger
- Vögel am Futterhaus oder beim Brüten kannst du auch auf verschiedenen WEBCAMS beobachten: https://www.lbv.de/ratgeber/naturwissen/tier-webcams/
- PODCASTS zum Thema Vogelbeobachtung geben Auskunft über Vogelschutzarbeit, einzelne Vogelarten und Menschen, die sich für den Schutz der Vögel einsetzen:

› LBV: Ausgeflogen: https://www.lbv.de/ueber-uns/podcast/ Held*innen des Naturschutzes in Bayern kommen zu Wort und erzählen, wie sie sich für eine vielfältige Natur und den Schutz bedrohter Arten einsetzen

› Birdlife Österreich: BirdLife Gezwitscher: https://birdlife.at/page/podcast
Wir sprechen über Vogelschutzarbeit, stellen einzelne Vogelarten vor und geben Tipps und Tricks, wie man unseren gefiederten Freunden am besten unter die Flügel greifen kann

› Birdbeats: https://birdbeats.de/ (mit Kalle Nibbehagen) Du erfährst über Artenporträts, aktuelle Entwicklungen in der Vogelwelt, besondere Gebiete und Diskussionen und bekommst einen wöchentlichen Bericht über seltene Vögel und außergewöhnliche Beobachtungen

Adressen

- **LBV** (Landesbund für Vogel- und Naturschutz in Bayern, e.V.)
Eisvogelweg 1, 91161 Hilpoltstein
Telefon: 09174 47750-5000
Mo–Fr 9 bis 16 Uhr
E-Mail: infoservice@lbv.de
https://www.lbv.de/

- **Birdlife Österreich**
Museumsplatz 1/10/8, 1070 Wien, Österreich
E-Mail: office@birdlife.at
Telefon: +43 (0)1 523 46 51
https://www.birdlife.at/

- **Birdlife Schweiz**,
Wiedingstr. 78, Postfach CH-8036 Zürich
Tel. 044 457 70 20
Mo–Fr, 8–12 und 13.30–17 Uhr
info@birdlife.ch
https://www.birdlife.ch/

- **NABU** (Naturschutzbund Deutschland)
Charitéstraße 3, 10117 Berlin
Telefon 030.28 49 84-0 | Fax -20 00
E-Mail: NABU@NABU.de
https://www.nabu.de/

freya BÜCHERTIPPS

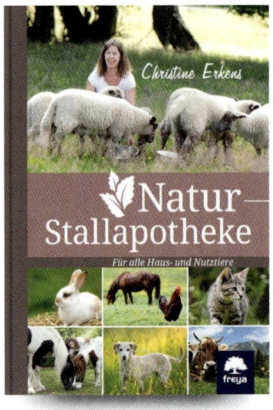

Erkens Christine

Natur-Stallapotheke
für alle Haus- und Nutztiere

Handbuch der Naturheilkunde für Tiere

Die Vielfalt der Naturheilverfahren für Tiere ist groß und bietet zahlreiche Möglichkeiten unseren Tieren im Krankheitsfall oder vorbeugend zur Gesunderhaltung zu verhelfen.

Egal ob wir Rinder, Schafe oder Ziegen, Pferde, Ponys oder Esel, Schweine, Hund oder Katze, Kaninchen oder Meerschweinchen, Geflügel jeglicher Art haben, alle profitieren von diesen Schätzen einer Naturapotheke. Viele Hausmittel kennen wir aus der Anwendung für uns Menschen, sie sind ebenso für die Tiere einsetzbar und hilfreich im Alltag. Mit dem vorliegenden Buch haben Sie einen wertvollen Ratgeber für jeden Tag im Leben mit Tieren, für eine naturheilkundliche Behandlung von Erkrankungen und vorbeugende Gesundheitspflege der Haustiere.

ISBN 978-3-99025-371-7

Margret Gruber-Stadler

Heimische Bäume bestimmen
in allen vier Jahreszeiten

Ein Pflanzenbestimmungsbuch, in dem jedes mögliche Erscheinungsbild unserer heimischen Bäume abgebildet ist. Grünes Blatt, Habitus (gesamte äußere Erscheinung), Blüte, Frucht, Borke und Knospe, Frühling bis Winter.

Laubbaum – vom Bergahorn bis zum Weißdorn und Nadelbaum-Arten von der Fichte bis zur Zirbe werden in Fotos mit ihren Details quer durch die Jahreszeiten abgebildet, sodass jederzeit eine Bestimmung möglich ist. Wissenswertes zu den Bäumen ergänzen die aussagekräftigen Bilder

ISBN 978-3-99025-329-8

Erhältlich im gut sortierten Buchhandel.   www.freya.at   www.freya-verlag.de